神秘的
第二個黃金比例

The Wonderful Second Golden Ratio

$$\mu_3 = 1.8392867\cdots$$

新發現的
數學定理

陳英雄（Mario Chen）著

博客思出版社

序言

　　我不敢以站在學術前端自居，只是窮隨不捨地緊追它，撿拾前人遺留的「石頭」，加以切割琢磨，竟然也發現裡面有「美玉」和「亮鑽」。

　　我不敢以推極至磨為自傲，僅以開啟「靈魂之窗」讓微弱的亮光，閃進腦海。看似前程陰影幢幢，阻礙重重，但靠後面來的微弱亮光，不懼艱難，跌倒，喘息，再爬起，雖已傷痕斑斑，終也達到目的地。

　　幾拾年基督精神的感召，幾拾年幾何哲理的薰陶，養成諸事求真求實的性格，也看輕了人生的虛名浮華。

　　　昔日酒友已絕踪，今日賓客皆中庸；
　　　與妻兒相濡以沫，與弟兄互勉切磋。
　　　書香樓閣思古賢，桜花樹下觀葉脈；
　　　午後花園解幾何，夜臨樓台觀銀河；
　　　思考星月如何轉，夕陽美境復何求。

　　僅以微言聊表作者心聲。懇求諸位先進不吝指教。

讓老夫脫離坐井觀天的狹小空間，得觀更上層樓的廣袤宇宙。

不勝感激，感謝中央研究院的諸位先進博士之教誨。更感謝主耶穌基督所賜之靈感，得以完成此書。

本書若有錯誤的內容，錯誤的証明，懇請諸位先進指正。

感激不盡!!

陳英雄 (Mario Chen)

2012年序於阿根廷 Buenos Aires

序

　　本書作者是我的二舅，他很想將研究心得公諸於世，我提議自行出版，如今書已著成，乃要求我寫序，我雖對數學外行，難以為序，惟既有提議在先，即無由推卸。

　　自我開始能認識人事以來，二舅給我的印象，是一位長於思考、勇於開創、樂於研究的長者。記得兒時，在赤崁樓對面巷子內某一平房（那是我外祖父的家）的庭院中，看著外祖父如何熱心服務鄰居、阿舅們各個展現活力與智慧，偶而我也參與嬉戲，其樂融融，如今回想，這或許是我智能之起源。二舅給我的印象，具有豐富多變的生活經驗，除如同他在書內所述，曾當過公務員外，也曾創業，更有移民阿根廷的壯舉。二舅給我的另一印象，是一位天資聰穎卻缺乏良好的學術薰陶機會之求知者。僅管如此，二舅仍自行用功，研究探討其所熱愛之幾何，發為著作，如他在書內所言：「因為從事科學研究者，正因自身對科學的熱中興趣，而默默地思考研究，甚少是基於自身的利益。今日人們研究出的新理論新定理，可能蘊含著未來無數的實用，與創造新科技。」偶有機會聽他說到有一項發明或發現、研究出某種公式可製造某種產品並申請專利等等，令人興奮與佩服的消息。

　　或許因有此種豐富的生活歷練與對幾何之不斷研發，使得二舅深刻體會純正的可貴，如他在書內所言：「人應該從『直線』裡了解到神創造直線的用意。是要人在這個彎曲悖謬的世代，變為更正直、更單純、更善良」、「幾何是教人如何把繁雜的事物變為簡單，把彎曲的心靈變為正直，把混亂的現象變為秩序，把人性的貪婪變為知足。因此，學習幾何，久而久之，被薰陶成簡潔、純正、正義而知足的人」。

　　最重要的是，二舅是從對 神的信仰出發，探索幾何之奧秘，而終歸於期許人性之向善提昇。如他在書中所言：「數學乃上帝（神）賜給人類的靈感而生，配合人類有探究穹蒼宇宙之奧祕的慾望，和探險無人跡的崎嶇山路。」、「幾何學能提升人類靈魂至另一個高層次，用更高層次的心眼去欣賞上帝（神）創造之美。當人們欣賞大自然之美時，是否從心裡感激造物主，更讚美造物主之智慧，高深莫測！」、「『直線』象徵著人性的梗直，直率與正義等善良的品性。這是上帝（神）造人的本意」。讀過這些，我著實心儀於二舅對幾何之體會竟如此深奧且高尚，幾何不僅僅是線條、圖形與數字而已，更與 神的法則及人的本性有著密切關係。 令人彷彿感覺到我與二舅共同信仰的 神在他身旁指導如何進行研究。

　　然而，誠如聖經上所載：「深哉、 神豐富的智慧和

知識。他的判斷、何其難測、他的蹤跡、何其難尋」（羅
十一33）。我相信二舅的研究是永無止境的工作，我沒有
能力與資格對本書有關幾何之論述加以評論，但仍能想像
一位向心學術、努力研發之年長基督徒，期待將研究心得
公諸於世之心情，無非是實踐聖經上所言：「總意就是敬
畏 神、謹守他的誡命、這是人所當盡的本分」（傳十二
13），如斯而已矣。願 神與二舅時刻同在。

林錫堯謹記2012/4/24於司法院

序

「數學是科學之母。」無論多麼莫測高深的科學理論，皆須植基於數學之上，數學的以簡馭繁，更是人類智慧累積發展的結晶。熟悉數學，更有助於邏輯思考的推理。若仔細思量，從日常生活的食衣住行，至各項科技產品的研發，或天體運行的軌道推求，無一不與數學的計算息息相關。

在求學的過程中，數學對某些人而言是個令人頭痛，望而生畏的科目；但對某些人來說，數學是個饒富趣味，引人入勝的科目。陳先生便是這麼一位對數學極有興趣、極為熱衷的人士，他不是大學的數學系教授，也不是以研究數學維生的專業人士，他只是一名純粹的數學愛好者。當他捧著稿件前來出版社時，我們看到的是一位和藹的耄耋老人，當他開始講述他的研究所得時，他的神情猶如一位孩童在描述他第一次遠足郊遊時那般的興高采烈，從他的語氣中，我們可以感受到他對數學的愛好，更可以感受到他信仰的虔誠。他雖然不是專業的數學研究者，然而他鍥而不捨的投入與努力，讓他在他的人生中找到了一方樂園。子曰：「發憤忘食，樂以忘憂，不知老之將至也。」此語可為陳先生之寫照。

　　用心就是專業。這句話將陳先生身上體現得淋漓盡致。他雖然不是專職的研究者，但他的部分研究成果曾獲得中研院數學所的肯定，這是難得的殊榮。敝社有幸得以出版陳先生的大作，我們認為此書的出版還有另一層意義，在現今的臺灣，越來越少人敢擁有理想，更遑論實踐理想；然而陳先生的故事，卻鼓舞了我們應勇於懷抱理想、追逐理想！只要找到興趣，勇於逐夢，踏實努力，終有所得。因此，這不僅僅只是一本數學理論的書籍，更是一段逐夢踏實的勵志之作。願此書的出版，亦能帶給懷有夢想的人們一些鼓勵，更祝福他們的夢想皆得以實現。

博客思出版社　編輯部

第一篇

神秘的第二個黃金比例

$$\mu 3 = 1.839286755\cdots$$

第一章　新定理的誕生

（一）順天應命

　　我是一個長居阿根廷超過三十年的台灣僑民，已習慣於南美民族的悠閒生活，不緊張、樂觀，雖然已退出職場許久，但從不浪費光陰。經常思想聖經裡摩西的話：「人生七十，強壯的可到八十，但其中可矜誇的，不過是勞苦愁煩，轉眼成空，我們便如飛而去。」人生幾拾年的黃金歲月裡，努力工作，只為了賺取更多的金錢，到死亡來臨時，就算你成為世界第一富豪，也得走每個人必走的路—肉體死亡。而且是兩手空空的去。因為，每個人到世界來也是兩手空空的來。人一旦思索到這個問題時，自然就會思索，何必拼命賺錢，想留許多錢財給子孫呢。

　　以色列的智慧王所羅門年老時感嘆說：「我恨惡一切的勞碌，就是我在日光之下的勞碌，因為我得來的必留給我以後的人。那人是智慧、是愚昧，誰能知道，他竟要管理我勞碌所得的，就是我在日光之下用智慧所得的，這也

是虛空。…因為有人用智慧知識靈巧所勞碌得到的，卻要留給未曾勞碌的人為分，這也是虛空，也是大患。」想到智者所羅門王的話語，人會醒悟，要留許多錢財讓子孫吃、喝、玩、樂過著奢侈生活，不如留給子孫、世人一些能保留和利用到世界末日的東西。於是我開始思索我能留給世人什麼有用的東西呢？不是物質、錢財，而是要思想上帝（神）給每個人不同的天賦能力(恩賜)，加以發揚、創造一些不朽的東西。那麼，上帝(神)究竟給我什麼天賦的能力呢？這要追思年輕時的愛好，我年輕時喜好觀察自然現象，愛好思考原理，因此，我在高工時的數學、物理、化學的成績比其他同學要好，由於家境貧窮，父母讓我讀到高工畢業，已是非常難能可貴了。父母養育之恩，終生難忘，畢業後，趕快參加特考、普考皆被錄取，並被派往台南縣立醫院當一名清閒無事可做的公務員，我想過豈可如此浪費光陰，我雖不能上大學，但可以買書來自修，只想向世人表明，我雖沒大學畢業文憑，仍然可以自修大學課程，尤其可以自修喜好的自然科學。但是我要的非僅前人已發現的科學知識，我想研發一些新的。但必須先加強自己在這領域的廣袤知識。然而我也知道自己所知僅僅是自然科學裡的九牛一毛，於是我自己規劃把研究自然科學，只限於吸收普遍性的知識，把它當作基礎的學識，各方面都去嘗試了解一些。幾年後，我發現在基礎科

學方面仍然還有人類未曾涉及的領域，這些領域的新發現有許多必須依靠在觀察時的靈感。我在繪畫幾何圖形時，偶爾的靈感，觸及到「母子三角形」的新思想，從許多幾何書本裡去搜索，知道「母子三角形」的定理是前人未曾涉及的題目，後來「母子三角形定理」是經過中央研究院數學研究所一年多嚴謹的檢查，並邀請台大數學系教授幫他們審查，最後於2011年5月11日給我的公文正式批示「您文章中的一、二、三題都是正確的」的評語。從此母子三角形定理才正式誕生。母子三角形還有許多延伸的題目及廣義母子三角形定理，當讀者讀到母子三角形一篇時，就會看到。

至於，本書的重點是放在我所發現的「第二個黃金比例」。這是大約十年前，當我回台灣時，在書店買到一本叫《黃金比例》的書，讀了幾遍，領悟到黃金比例Φ的奧祕，但也領悟到Φ只是二合一的數目比例，其代數公式為$X^2-X-1=0$，於是在靈感中開始思考「三合一的數目比例」，我實際去驗算它，經過幾年的苦思，也在上帝（神）所賜的靈感裡終於找到「三合一數目的比例」為1.8392867…，其代數公式是$X^3-X^2-X-1=0$（請參閱42~47頁），再經過一年多摸索，探討其幾何圖形的論証，經歷無數次的尋找、摸索的失敗，終於也在上帝（神）所賜予的靈感裡，找到「第二個黃金比例」的奇妙的幾何圖形及

其獨一無二的論証。我把它命名為「μ_3」。親朋問我為何命名為「μ_3」，我告訴他們希臘文「μ」類似英文的「M」。因為我一家人在阿根廷的另一個西文名字的第一個字母都是『M』，因此，我取了希臘文中的「μ」加上「3」，代表「三合一陳氏數列的比例值」，也就是第二個黃金比例 μ_3=1.8392867⋯（除不盡的數）

（二）思考與觀察

數學乃上帝（神）賜給人類的靈感而生，配合人類有探究穹蒼宇宙之奧祕的慾望，和探險無人跡的崎嶇山路。這份無垠無際的心靈曠野之探索，加上幾千年的時空累積，成為今日的數學與科學。許多新數學理論的發現，在發現之初，並不被人重視，原因在實用上尚未被人肯定，譬如古希臘哲學家兼數學家畢達哥拉斯（Pythagoras,582-497B.C)他除了是一位宗教家、哲學家，也是一位頗負盛名的數學家，尤其他的直角三角形的畢氏定理（$a^2+b^2=c^2$），是學過數學的人，無人不知、無人不曉。兩千多年來對人類科學研究的貢獻之大，真難以形容。可是在他發現「畢氏定理」後的幾個世紀，很少有人知道其定理，更別論其實用。但經歷幾個世紀後，人們才漸漸明白「畢氏定理」在數學上、物理學、藝術、以及建築上的廣泛用途。時至今日、大家公認其在學術上、科學上的貢獻

之大，無與倫比。

　　一個新定理、新理論，常常是歷經千百年，無數次的檢驗，有的被推翻、有的被肯定並被實際利用，人才會紀念對這些新理論新定理的發現者，因為從事科學研究者，正因自身對科學的熱衷興趣，而默默地思考研究，甚少是基於自身的利益。今日人們研究出的新理論新定理，可能蘊含著未來無數的實用，與創造新科技。無人可否認科學理論的鑽研，可帶給人類多少實際用途。其中尤以能提升人類道德標準的學識最為重要。就如希臘大哲學家蘇格拉底(Scorates 469~399B.C)講過的一段話：「世上有用的知識，應是能改變人成為更善良的人的知識。」

　　總歸地說：「數學是永恆不朽的真理」。但是一個知道什麼是直線的人，如果對正直、正義毫無概念，那麼他知道直線又有什麼益處呢？所以當一個人在學習數學、幾何學時，應該去思考這些幾何圖形裡蘊藏著更深一層的哲學意味。幾何學能提升人類靈魂至另一個高層次，用更高層次的心眼去欣賞上帝（神）創造之美。當人們欣賞大自然之美時，是否從心裡感激造物主，讚美造物主之智慧，高深莫測！

　　當人們去遊山玩水，欣賞大自然的山嶽峻嶺，蜿蜒河川及兩岸茂密森林裡有多少生命在其中順遂造物主之命而循環其生態時，你是否有所感觸？

　　古希臘哲者，社會精英都要學幾何學與哲學。柏拉圖(Plato 427~347B.C)在其所著的書《共和國》（The Republic)中寫著：「數學是國家領導人和哲學家必修的課程。」在雅典郊外的柏拉圖學院的門前掛著一個刻有「不懂幾何學者禁止入內」的告示牌，一般認為這是有史以來第一所大學的入學考試，考試以幾何學和哲學為主，可見，古希臘人對幾何學之重視，關於柏拉圖學院尚有一段有趣的故事：一日，有一位素來放蕩不羈的年輕人來，欲進入柏拉圖學院受教，當柏拉圖知曉這位青年的底細後，斷然拒絕收他為徒，並說：「幾何學是一門清高純正的學術，若讓你這個傷風敗俗之徒進入，會辱沒這門清高剛正的學術」。柏拉圖就是那大名鼎鼎的哲者蘇格拉底的大弟子，他以這個方式捍衛幾何學之清高正直而拒絕行為不良的人，引為趣談。

　　寫至此，不禁讓我想起學生時代，一首打油詩：

　　　人生有幾何，

　　　何必學幾何；

　　　學了幾何又幾何，

　　　不學幾何要學何？

　　發現行星運動三定律的德國天文學家刻卜勒(Kepler,1571~1630)說：「幾何學擁有兩件至寶：一件是畢達哥拉斯定理；另一件事是把一個線段做成中末比的歐幾里德定

理。」這個中末比就是後來發展成奧妙迷人的黃金比例Φ的前驅。

（三）上帝（神）的比例，何止一個Φ

很久以來，許多人著迷於黃金比例Φ的奧妙。因此把許多跟Φ有關的圖形都冠上「黃金」。例如把1比Φ的矩形稱為黃金矩形，把正五邊形叫黃金五邊形，因為正五邊形裡面有許多1比Φ的三角形，且把這類三角形稱為黃金三角形，黃金三角形是等腰三角形，其底與邊的比例正好是1比Φ。的確，黃金比例Φ擁有許多令人著迷的地方，人們從自然界中發現許多跟黃金比例有關的事物，例如：向日葵的小花的排列，其中就有構成Φ的費波納奇數列(Fibonacci Squence)。又如鳳梨的六角形鱗片的排列，可以看到8、13、21等的費波納奇數列。從五花瓣，或植物的莖幹也可以發現Φ；從鸚鵡螺殼可發現Φ；從水的漩渦、颱風至巨大的銀河系都是以Φ在運轉。還有更多更多的Φ被陸續發掘出來。因此有些科學家把Φ稱為「神的比例」，在宇宙中這個Φ是最美的比例。其實，費波納奇數列只是以任何兩個數字為母數加起來成為第三個數，再把第二、三數加起來成為第四個數…，如此，把前兩個數加起來成為新的數。繼續不斷…；第二十和第二十一或第五十和第五十一；如果，你夠耐性，你將發現前後兩個連

續數字的比值愈接近Φ＝1.6180339887…。Φ是永遠沒有重複的數字；這個無法除盡的數字，其實是從一條直線的中末比來的。歐幾里德(Euclid，約公元前300年）所著的《幾何原本》（這本書一直到二十世紀，其銷售量僅次於聖經）裡的一個題目，稱為「歐幾里德的中末比」其定義如下：歐幾里德把一條直線分割為兩部分，如下圖：

A ———————————————————— B
　　　　X　　　　　　　C　　　1

$$\frac{AC}{CB} = \frac{AB}{AC} \text{ 也就是 } \frac{X}{1} = \frac{X+1}{X}$$

從上式演變到黃金比例Φ，是經過兩千多年，和許多人繼續不斷地研究後的結果。

將上式$\frac{X}{1} = \frac{X+1}{X}$，化成 $X^2-X-1=0$

解X，得到$\frac{1+\sqrt{5}}{2}$ =1.6180339887…=Φ

和$\frac{1-\sqrt{5}}{2}$ =-1.6180339887…=$-\frac{1}{\Phi}$

且$\Phi^2=1+\Phi=2.6180339887…$

這個Φ的迷人就在此。其原因是裡面有一個無理數 $\sqrt{5}$ 。

布魯克曼（Paul S.Bruckman)於一九七七在《費波納查季刊》發表了一首打油詩<一成不變的中項>(黃金比例有時也稱為黃金中項)：

黃金中項真無理，

它不是你那普普通通的無理數。

如果你把它倒過來（這真有趣！）

你會得到它本身，減一。

可是如果把它加一，

就得了它的平方，請相信我。

伯格(M.Berg)在一九六六年利用當時最精密的電腦IBM1401計算Φ，算到第四五九九位小數。曾經發表於《費波納奇季刊》上。這第四五九九位小數，還不能除盡，且沒有相同的數字連續出現。

當我發現黃金比例Φ只是「二合一」數字之比時，我意識到應該有「三合一」的數字比。三合一的數字比是以任何三個數字為母數，把他們加起來成為第四個數，再把第二、三、四數加起來成為第五個數，然後耐心的數算到夠多；例如第二十和第二十一數，然後把第二十一數除以第二十數，將會得到 $\mu_3 = 1.8392867\cdots$ （請參閱第42頁）而且有一個代數式 $X^3-X^2-X-1=0$ （我是從Φ的代數式 X^2-X-

1=0聯想到）解 X=1.8392867…= μ_3

　　當我知道「三合一數字比例」μ_3 可以用代數式 $X^3-X^2-X-1=0$ 得到時，我愈覺得 μ_3 的不尋常。我更相信在某一個幾何圖形中一定可証明 μ_3 的存在。就如正五邊形裡有許多 Φ 一樣。我絞盡腦汁，試圖找出這個幾何圖形。但是徒勞無功，總不得其門而入。如同海裡撈針。幾近絕望。

　　我做為一個基督徒，相信人的盡處就是神的起處，因此，我無數次跪下禱告，祈求上帝（神）賜我靈感可以解決此難題。皇天總不負苦心人，幾經兩年時間，尋找再尋找，終於從靈感裡往正方形去找，從不同方式切入正方形，最後，從切入的面積比裡找到 μ_3 的確據。心裡的喜悅如迷失於漆黑夜晚，在森林裡摸索前進，忽見前面一盞燈，欣喜之餘，又燃起希望之火，勇敢前進，終於找到目的物。（請參閱第二章裡「獨一無二又奇妙的正方形」）

　　感謝神，感謝主，真誠地感謝主，終於從神賜的靈感裡找到 μ_3 在幾何學上的確實證據。也就是「神的第二隻眼睛」，「神的第二個黃金比例」。

　　我相信第二個黃金比例，在宇宙天地間一定有它的蹤影。因為是神創造宇宙萬物用的比例。我開始從自然界、物理、化學、天文學裡尋找 μ_3。但是，令我很失望，找到的証據只是近於 μ_3，完全與 μ_3 相同的事物，在現實的天地間找不到。這豈不讓人灰心喪志。

一日，當我在閱讀名佈道家寇世遠先生的《被恩待與被憐憫》一書。書裡引到宋朝蘇東坡的詩句：

　　廬山煙雨浙江潮，

　　未到千般恨不消。

　　及至歸來無一事，

　　廬山煙雨浙江潮。

和另一名句：不識廬山真面目，只緣身在此山中。

這兩首哲學意味濃厚的詩句，讓我霍然開竅。

我在鑽牛角尖啦！只要走出「廬山」，就能看到「廬山」真面目。

於是我聯想到柏拉圖的弟子亞里斯多德的故事。

一天亞里斯多德的鄰居來請教一個問題，一個小朋友拿一個有瓶頸的小瓶子，裡面有一個大蘋果，問亞氏如何取出完整的蘋果，又不打破瓶子，亞氏回說，今天很忙，明天再來。第二天小朋友又來，亞氏仍推說太忙，明天再來，其實亞氏已苦思三天，不吃不喝，仍然沒有結果。亞氏睡到半夜，忽然起身去請教老師柏拉圖。柏氏閉目養神，不予理會，過了半小時，亞氏催問，柏氏依然故我，快天亮時，亞氏必須回去應付小朋友，就搖搖老師：「到底有沒有答案啊！」，此時，柏氏突然圓睜雙目大聲對亞式呼叫三聲：「亞里斯多德！」叫完揮手讓他走。亞氏追問老師是何道理？答道：「我知道在瓶中的不是蘋果，乃

是你的靈魂，所以呼叫三聲，把你靈魂叫出來。因為這問題根本就無兩全其美之計；不是摔破瓶，就是切蘋果。這種極笨的問題，你本可以不必考慮，三秒鐘就可告訴小朋友答案。何必弄到三天三夜，不眠不休，不吃不喝，神魂顛倒？」亞氏聽完，傻傻的走回去，一路上說著：「吾愛吾師，吾更愛真理。」不知是怨自己，還是佩服老師，傳為佳話。

　　這個故事，讓我知道亞里斯多德，當時也在鑽牛角尖，像我現在一樣。我想到牛頓的運動定律，只適用於小空間。至於以光年計的大空間必須用愛因斯坦的相對論才能解決。

　　當我跳脫了「廬山」之後，才看清了「廬山」真面目。原來宇宙間的 μ_3，不能拘限於「小數點以下幾位數」的小細節。也就是 Φ 不能只限於 $1.618,033,988,749,894\cdots$。小數點以下的位數愈多愈沒有實際的意義。也就是 Φ 應該在 $1.6 \sim 1.7$ 範圍內。而 μ_3 應是 $1.8 \sim 1.9$ 的大宇宙比例才有實際的意義。

　　於是我發現最輕的氫原子裡有 μ_3，四花瓣有 μ_3，許多種樹葉的長寬比是 μ_3，在美麗的彩色楓葉裡，我找到了 Φ 與 μ_3。植物的光合作用裡也有 Φ 與 μ_3 的蹤跡。太陽系的行星運動也有 Φ 和 μ_3 的比例。……還有從聖經裡也找到 Φ 與 μ_3（請參閱第二章）

（四）終極比例常數「2」

因著 μ_3 的發現，我順數序發現了四合一比例，五合一比例…。只要任何四個數(第一、二、三、四數)為母數加起來成為第五數，再把第二、三、四、五數加起來成為第六數…，只要有耐心，繼續計算下去：當數序達第二十五以上時，把第二十五數除第二十四數，其「四合一比值 μ_4」就是1.9275619…。也就是四合一的代數式 $X^4-X^3-X^2-X-1=0$ 所求的X值，也就是X=μ_4=1.9275619…。

以此類推，可求五合一比值 μ_5，六合一比值 μ_6……。可求到十合一比值，甚至二十合一比值，你將發現」不管多少數合一的比值「都不會超過一個常數2。」請看下列是作者親自計算出的比例。

四合一比例：μ_4=1.9275619…

五合一比例：μ_5=1.9659482…

六合一比例：μ_6=1.9835828…

七合一比例：μ_7=1.9919642…

八合一比例：μ_8=1.9960311…

九合一比例：μ_9=1.9980294…

十合一比例：μ_{10}=1.9990185…

二十合一比例：μ_{20}=1.9990186…

不管多少數合一的比例，都不會超過一個常數

「2」，以「2」為極限。

我把Φ與μ系列的比值及其代數式列一個表如下列：

（其中μ系列，冠以發現者之姓，稱為「陳氏數列」）

	比例值	代數公式
費氏數列 (二合一)	$\Phi=1.6180339887\cdots$	$X^2-X-1=0$　　　解X=Φ
陳氏數列 (三合一)	$\mu_3=1.8392867\cdots$	$X^3-X^2-X-1=0$　X=μ_3
陳氏數列 (四合一)	$\mu_4=1.9275619\cdots$	$X^4-X^3-X^2-X-1=0$ X=μ_4
陳氏數列 (五合一)	$\mu_5=1.9659482\cdots$	$X^5-X^4-X^3-X^2-X-1=0$ X=μ_5
陳氏數列 (六合一)	$\mu_6=1.9835828\cdots$	$X^6-X^5-X^4-X^3-X^2-X-1=0$ X=μ_6
陳氏數列 (七合一)	$\mu_7=1.9919642\cdots$	$X^7-X^6\cdots\cdots-X-1=0$ X=μ_7
陳氏數列 (八合一)	$\mu_8=1.9960311\cdots$	$X^8-X^7\cdots\cdots-X-1=0$ X=μ_8
陳氏數列 (九合一)	$\mu_9=1.9980294\cdots$	$X^9-X^8\cdots\cdots-X-1=0$ X=μ_9
陳氏數列 (十合一)	$\mu_{10}=1.9990185\cdots$	$X^{10}-X^9\cdots\cdots-X-1=0$ X=μ_{10}

陳氏數列 (二十合一)	$\mu_{20}=1.9990186\cdots$	$X^{20}\text{-}X^{19}\cdots\cdots\text{-}X\text{-}1=0$ $X=\mu_{20}$

至此，可看出越多數目合一的比例值越趨近於2，以2為極限。以上的比例值都是神創造宇宙萬物時用過的比例。統稱為「神的比例」。我已發現μ_3的幾何圖形。至於μ_4、μ_5……都尚未發現，我不知它藏於何處?尚待有志者去發掘。

我看出Φ是線段的比例，μ_3是面積的比例。因此我可預測μ_4將是體積的比例。至於其他，則不得而知。也許在灣曲的時空裡吧！

從歐幾里德在公元前300年在其所著《幾何原本》裡的「中末比」發展到二十世紀的黃金比例Φ，總共費了二千三百年歷史。今日黃金比例內容之多彩多姿，令人著迷，絕非其他科學書所及。而我所發現的μ系列黃金比例；從發現至今不出十年，相信還有更多有趣內容，待人發掘。

(五) 哲學是幾何學的果實

歐幾里德幾何學可說是直線與圓的結合。什麼是直線？只要稍懂得幾何學的都知道：兩點之間最短的距離就是直線。而圓是最美麗的曲線。相信人人都見過保齡球或高爾夫球在水平的地面上滾動。只要在球的一側施以一

力，球就會直線滾動。一個正圓球，不管從那一個角度來觀察都是正圓形。而正圓球究竟含有什麼哲理呢？我們來思考一下：一個圓的面積與圓周長之比，在平面幾何的任何圖形裡是最大的。也就是說，相等周長的任何平面幾何的封閉圖形裡，正圓的面積最大。反過來說，相等面積的任何平面幾何圖形，以正圓的周長為最短。同理，相同表面積的任何形狀體，以正圓球的體積為最大，反過來說，相同體積的任何形狀體，以正圓球的表面為最小。

那麼，從直線與正圓球裡隱藏著什麼哲理教訓讓人得益處呢？正如柏拉圖說的：「幾何是清高，純正的學術。」蘇格拉底說：「人除非是為了變的更善良，就不應該求學問。因為世上唯一有用的知識是令人變為更善良之人的知識。」因此，當我們學習幾何時，除了要明白幾何圖形的表面意義之外，還要思考每一個圖形裡所隱含使人的內在性格變為更善良的教訓。而直線與圓正隱含著使人性變為善良的教訓。

「直線」象徵著人性的梗直，直率與正義等善良的品性。這是上帝（神）造人的本意。在聖經傳道書八章二十九節記載：「神造人原是正直，但他們尋出許多巧計。」，也就是中國古書《三字經》開始便說：「人之初，性本善。」。但是後來人心變了，不再是梗直、直率、正義了。也就是人變的彎曲，不正，巧思詭計等不良

的性格。因此，當人們學習幾何的直線時，應了解這是上帝(神)希望人類能變的更善良，更正直。

一株稻米，在生長的過程裡，都是直直向上生長，這不是在教導人在生長的過程應學習正直嗎？但是到成熟而飽滿米粒時，稻米的穗會低頭彎曲下來。這些不是最好的哲理教訓嗎？一個人「活到老學到老」這句話是不錯的，但老來要更謙卑有禮貌，自然就低頭彎曲下來。因為人從小開始儲存的知識學問，內容漸大，如果這些知識學問是正面的，人的性格，會愈來愈謙卑有禮，做人做事更懂得「恰到好處」的中庸之道。講話不會太衝動，會更理智，更圓滑，更圓滿。把一個人年輕時的壞脾氣，壞習慣—這些「壞」的就如一個人有許多會刺傷人的「角」，藉著生長過程，學習的知識學問把這些「角」磨平。成為球般的善良人性。

人若不能從幾何學裡，學到心靈上的益處，就不要學。因為只知道「直線是兩點之間最短的距離」有什麼益處。人應該從「直線」裡了解到神創造直線的用意。是要人在這個彎曲悖繆的世代，變的更正直、更單純、更善良。人可從擲保齡球或打高爾夫球裡學到一些哲理。就是一個正圓球在水平地面，從球的一側施以一力，球就會直線滾動。這正因「圓的行為就是直」的哲理來的。換一個橄欖球，就很難看出其行為的「直」。人還可以從球的

「表面積最小，內容量最大」的特性學習到一個哲理。一個人應把內在有用(使人變善良的)的知識學問，盡量充實，但對人的外在，看的很平淡。人的外在就是貪、富、貴、賤、權、利等。

　幾何是教人如何把繁雜的事物變為簡單，把彎曲的心靈變為正直，把混亂的現象變為秩序，把人性的貪婪變為知足。因此，學習幾何，久而久之，被薰陶成簡潔、純正、正義而知足的人。

　曾是以色列智慧王的所羅門留下的箴言：

　(箴十9)「行正直路的，步步安穩，走彎曲道的，必致敗露。」

　一個人的價值，不僅在他所擁有的知識學問，更可貴的是他能從知識學問裡得到哲理，以改變他內在的「不良」成為一個善良而知足的人。

一首詩：幾何，你是美的化身(作者:Mario Chen)

　　　啊！幾何！你無所不在，有天地就有你；
　　　因你是神所創，所以如此美。
　　　人要用眼睛看你，用頭腦想你，用心靈欣賞你。
　　　從自然界欣賞你的美；
　　　從天地間了解你的律；
　　　從穹蒼裡測量你的道。
　　　知你是形狀與比例的結合，

是美的化身。

多少英雄豪傑，馳騁沙場，仍念念不忘你的美。（註1）

多少詩人墨客，欣賞天地之美，卻不知你是誰。

多少博士院士曰：「你是孩童，不准進來。」（註2）

多少孤寂的夜晚，我沉思博士之教誨，

知，似孩童的我，在生長中。

知，只有愚生（註3），仍念念不忘你孩時的模樣。

啊！幾何，你如孩童般的純潔天真。

你是美的化身。

（註1）：按阿基米德(Archimedes 287~212B.C. 古希臘數學家兼物理學家)在戰地，仍然醉心於幾何，拿一樹枝在地上畫幾何圖形。終被羅馬兵打死。

（註2）：作者的幾何新定理「母子三角形定理」曾遭中央研究院數學研究所拒絕刊登於其期刊。中研院是全國最高學術機構，對於「如孩童」般的幾何新定理，怎麼會看上眼呢?因為他們都是博士院士，被拒絕是理所當然。終於，我認了。我感謝他們的教誨。不過，這段真實的歷史，我還是要把它以詩歌的形式留下來。

（註3）：「愚生」仍作者與中研院書信往來時的自稱。

第二章　費波納奇數列與陳氏數列
兩個黃金比例 Φ 與 μ_3 的方程式

（一）歐幾里德的中末比

　　約公元前三百年，歐幾里德(Euclid,325~270B.C. Alexandria的幾何學家)首先發現用一條直線分割成中末比。後來人們把它稱為黃金分割的中外比(extreme and mean ratio),以歐幾理德本人的話來說：

　　一直線按中末比分割的意思是說，該直線的全長和分割後較長線段之比等於長線段和短線段之比。請看下圖

$$A \overset{\overset{\displaystyle X+1}{}}{\underset{\underset{\displaystyle X \qquad C \qquad 1}{}}{\rule{0pt}{0pt}}} B$$

（圖一）

　　歐幾里德的中末比就是 $\dfrac{AC}{CB} = \dfrac{AB}{AC}$

若CB=1 , AC=X , 則AB=X+1

則，上列等式就是 $\dfrac{X}{1} = \dfrac{X+1}{X}$ <=>$X^2-X-1=0$ ——(1)

解X得 $\dfrac{1+\sqrt{5}}{2}$ 和 $\dfrac{1-\sqrt{5}}{2}$

$X_1 = \dfrac{1+\sqrt{5}}{2} = 1.6180339887\cdots\cdots\cdots\cdots = \Phi$

$X_2 = \dfrac{1-\sqrt{5}}{2} = -0.6180339887\cdots\cdots\cdots = -\dfrac{1}{\Phi}$

由上面X_1 , X_2可知是永遠無法除盡的無理數，且小數點後的數字不會重覆。

$X_1 = 1.6180339887\cdots = \Phi$ 稱為黃金比例。它有一個獨一無二的有趣特性。我們把X_1加一可得到 $X_1^2 = 2.6180339887 = \Phi^2 = \Phi + 1$。如果把$X_1 - 1 = \dfrac{1}{X_1} = 0.6180339887$，也就是 $\Phi - 1 = \dfrac{1}{\Phi}$。

布魯克曼(Paul S.Bruckman)在一九七七年發表於<費波納奇季刊>一首打油詩<永遠不變的黃金中項>。詩曰：

黃金中項真無理，它不是那普通的無理數。

如果把它加一，會得到它的平方。

> 如果把它減一，等於把它倒過來。
>
> 絕無錯誤，你可試試看。

有了黃金比例的數式 $X_1 = \dfrac{1+\sqrt{5}}{2} = 1.6180339887\cdots$. 我們可以用世上最精密的計算機，如伯格(M.Berg)在一九六六年所用的IBM1401型電腦計算 Φ，可計算到小數點以下四五九九位數，且這個小數沒有任何重覆。它發表於<費波納奇季刊>上。

X_1 稱為黃金比例，以 Φ 代表，這是二十世紀初美國的數學家巴爾(Mark Barr)給黃金比例取的名字 Φ(phi)。由於黃金比例 Φ 有許多獨一無二而有趣的特性，自古以來引起無數人的興趣。讀者若有興趣，可買一本<黃金比例>的書(Mario Livio著，丘宏義譯，遠流出版公司)。這本書趣味性很高，值得一看。

有一點值得強調的，黃金比例 Φ 不是一般的數學定理，因為 Φ 神秘地隱藏在宇宙萬物中，因此人們把 Φ 稱為宇宙創造者「神的比例」。至今人們還在陸續發掘它的存在。Φ 的神秘性與趣味性不是作者在本書所要強調的。因為作者發現了第二個、第三個黃金比例，μ_3，$\mu_4 \cdots$。其中 μ_3 有許多與 Φ 相似的特性。

（二）獨一無二又奇妙的正方形(Mario Chen發現)

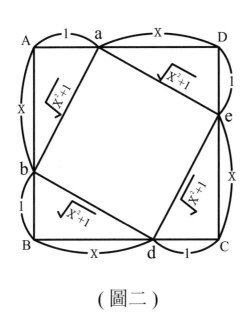

（圖二）

獨一無二又奇妙的正方形可導出「第二個黃金比例 μ_3」(又稱三合一比例)其比例 $\mu_3=1.8392867\cdots$

將上圖正方形ABCD的每一邊以1：X分割，連結分割點a,b,d,e得正方形 abde。設 $\overline{Aa}=1$, $\overline{aD}=x$, 則 $\overline{AD}=1+X$；$\overline{bB}=1$, $\overline{Ab}=x$, 則 $\overline{AB}=1+X$

由畢氏定理知 $\overline{ab}^2=\overline{Aa}^2+\overline{Ab}^2=1+X^2$

$$\therefore \frac{\overline{AB}^2}{\overline{ab}^2}=\frac{(1+X)^2}{1+X^2}$$

設 $\dfrac{(1+X)^2}{1+X^2} = X$

則 $(1+x)^2=X(1+X^2)<=>1+2x+x^2=x+x^3$

移項整理得　$x^3- x^2-x-1=0$　————（2）

解上式(2)得　X=1.839286755…（請用工程用計算機，很容易得到X值）

把X數值命名為 μ_3，是三合一陳氏數列最後比例值。故X=μ_3

由式(2)解出的X數值與第 42~47 頁陳氏三合一數列的最後比值相同。

以上所謂「陳氏數列」是以發現者之姓代表。

第 39 頁是<u>費波納奇</u>數列之最後比值Φ=1.6180339887…（第一個黃金比例）。

從公元前三百年的<u>歐幾里德</u>首先發現一直線的中末比分割，列中古世紀義大利數學家<u>李奧納多</u>(Leonardo of pisa 1180~1240)他後來改名為<u>費波納奇</u>(Fibonacci)就是著名的<u>費波納奇</u>數列的發現者。但黃金比例Φ是一直到十七世紀才由德國天文學家<u>克卜勒</u>(Kepler 1571~1630)發現。

第二個黃金比例 μ_3 隱藏在正方形裡

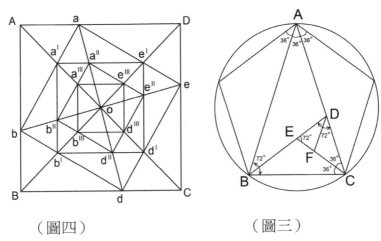

（圖四）　　　　　　　（圖三）

　　圖三是圓內接正五邊形，所有正多邊形的內角和等於

180 x(n-2),n是邊的數目。因此正五邊形的一個內角等於

$\dfrac{180 \text{ x}(5-2)}{5}$ =108。連接A,B與A,C形成二個底角72°,頂角

36°的等腰三角形。把線段AC依照歐幾里德的中末比分

割，其分割點為D，可知 $\dfrac{AD}{DC}$ = $\dfrac{AC}{AD}$ = Φ (請參閱圖一)

連接B.D,再把線段BD以中末比分割，其分割點E，

則 $\dfrac{BE}{ED}$ = $\dfrac{BD}{BE}$ = Φ

故可知 $\dfrac{AD}{DC}$ = $\dfrac{AC}{AD}$ = $\dfrac{BE}{ED}$ = $\dfrac{BD}{BE}$ = $\dfrac{CF}{FE}$ = $\dfrac{CE}{CF}$ ……= $\dfrac{AC}{BC}$ = Φ

　　圖三的等腰三角形ABC可依照歐幾里德的中末比分成無窮多的相似等腰三角形。其比例都是黃金比例 。因此可知黃金比例Φ在正五邊形中是何等重要。自古以來有很多對黃金比例Φ著迷的人把正五邊形稱為黃金五邊形，把三角形ABC稱為黃金三角形了。

　　圖四如圖二，連接A,C；B,D其交點O，與正方形abde的四個交點a', b', d', e'則a' b' d' e'也是正方形。同理連接正方形abde的兩條對角線，其交點也通過O點。則a″ b″ d″ e″也是正方形…。

　　於是，可看出 $\dfrac{Ab}{bB} = \dfrac{ba'}{a'a} = \dfrac{a'b''}{b''b'} = \dfrac{b''a'''}{a'''a''} = \mu_3$

$$\dfrac{AB^2}{ab^2} = \dfrac{ab^2}{a'b'^2} = \dfrac{a'b'^2}{a''b''^2} \; \dfrac{a''b''^2}{a'''b'''^2} = \mu_3$$

　　也就是按照 $1:\mu_3$ 的比例分割的正方形的邊，其分割點可產生無限多更小的正方形，其邊都是 $1:\mu_3$。且都在最外圍正方形ABCD的兩條對角線上。和第二個正方形abde的兩條對角線上。再者，正方形ABCD的面積（$\overline{AB^2}$）除以正方形abde的面積（$\overline{ab^2}$ ）等於正方形abde的面積（$\overline{ab^2}$ ）除以正方形a' b' d' e'的面積($a'b'^2$)…都等於 μ_3。

　　因此，正方形的邊若以 $1:\mu_3$ 為分割點連成的無窮多正方形將愈趨近於0點。此類正方形堪稱為黃金正方形。其

相鄰兩個正方形的面積比例正好是 μ_3(1.839286755…)。也就是第42~47頁的三合一陳氏數列的最後比值 1.839286755…=μ_3。也等於由 $X^3-X^2-X-1=0$ 求得的X值。故 $X=\mu_3=1.839286755…$。

　　μ_3 確實隱藏在正方形裡。μ_3 堪稱為第二個黃金比例。

費波納奇數列與黃金比例Φ(二合一比例)

數序	1,2→母數	Φ=1.6180339887…
1	3	
2	5	5÷3=1.66…
3	8	8÷5=1.6
4	13	13÷8=1.625
5	21	21÷13=1.615384
6	34	34÷21=1.619047
7	55	55÷34=1.617647
8	89	89÷55=1.618181
9	144	144÷89=1.61797
10	233	233÷144=1.618055
11	377	377÷233=1.618025
12	610	610÷377=1.618037
13	987	987÷610=1.618033
14	1597	1597÷987=1.61803448
15	2584	2584÷1597=1.618033813
16	4181	4181÷2584=1.618034056

17	6765	6765÷4181=1.618033963
18	10946	10946÷6765=1.618033999
19	17711	17711÷10946=1.618033985
20	28657	28657÷17711=1.61803399
21	46368	46368÷28657=1.618033988
22	75025	75025÷46368=1.6180339887…

　　※費氏的任何數序的數值，可由前一個數值乘以2，再減去前兩個數序前的數值就可得到。例如第20個數序的數值，可從第19數序的數乘以2，再減去數序17比數可得，17711×2-6765=28657。這是「簡易計算法」，「母數」愈多的數合一的計算，尤其方便。

數序	費氏數列1.2→母數	費氏數列總和數值	前後兩個總和數值比仍然是 =1.6180339……
1	3	(母數和+3) = 6	
2	5	(母數和+3+5) =11	11÷6=1.8333…
3	8	簡易法:8+11 = 19	
4	13	(13+19) = 32	32÷19=1.6842…
5	21	(21+32) = 53	53÷32=1.6562…
6	34	(34+53) = 87	87÷53=1.6415…
7	55	(55+87) = 142	142÷87=1.632…
8	89	(89+142) = 231	231÷142=1.626…
9	144	(144+231) = 375	375÷231=1.623…

數序	費氏數列1.2→母數	費氏數列總和數值	前後兩個總和數值比仍然是 =1.6180339……
10	233	(233+375)=608	608÷375=1.621…
11	377	(377+608)=985	985÷608=1.62…
12	610	(610+985)=1595	1595÷985=1.619…
13	987	(987+1595)=2582	2582÷1595=1.618…
14	1597	(1597+2582)=4179	4179÷2582=1.618512…
15	2584	(2584+4179)=6763	6763÷4179=1.618329…
16	4181	(4181+6763)=10944	10944÷6763=1.618216…
17	6765	(6765+10944)=17709	17709÷10944=1.618146…
18	10946	(10946+17709)=28655	28655÷17709=1.618103… =1.6180339……

神秘的 The Wonderful
Second Golden Ratio
第二個黃金比例

陳氏數列與第二個黃金比例 μ_3 (三合一比例)

數序	1, 2, 3 →母數	μ_3=1.839286755…
1	6=1+2+3	11÷6=
2	11=2+3+6	11÷6=1.8333…
3	20=3+6+11	20÷11=1.81818…
4	37=6+11+20	37÷20=1.85…
5	68=11+20+37	68÷37=1.837837…
6	125	125÷68=1.838235…
7	230	230÷125=1.84
8	423	423÷230=1.8391304…
9	778	778÷423=1.8392434…
10	1431	1431÷778=1.8393316…
11	2632	2632÷1431=1.8392732…
12	4841	4841÷2632=1.8392857…
13	8904	8904÷4841=1.8392894…
14	16377	16377÷8904=1.839285714…
15	30122	30122÷16377=1.839286805…
16	55403	55403÷30122=1.8392869…
17	101902	101902÷55403=1.839286681
18	187427	187427÷101902=1.839286766…
19	344732	344732÷187427=1.839286762…
20	634061	634061÷344732=1.83928675…
21	1166220	1166220÷634061=1.839286755……=μ_3
22	2145013	2145013÷1166220=1.839286755……=μ_3

簡易計算法：陳氏數列三合一計算法與費氏的簡易數法相同：例如數序20的數值可由數序19的數344732×2減前三個數序的前一個數值可得，也就是減去數序16的數，344732×2－55403=634061

其最後比例 μ_3=1.839286755與用(2)式X^3-X^2-X-1=0 解出的值相同。

任何三個數為母數的三合一數列之比例仍然是μ_3=1.839286755…

數序	1^2=1 2^2=4 →母數 3^2=9	$\mu 3$=1.839286755…
1	(1+4+9)=14	
2	從數序2以下可用「簡易計算法」14×2－1=27	27÷14=1.928571428
3	27×2－4=50	50÷27=1.851851852
4	50×2－9=91	91÷50=1.82
5	91×2－14=168	168÷91=1.846153846
6	168×2－27=309	309÷168=1.839285714
7	309×2－50=568	568÷309=1.838187702
8	568×2－91=1045	1045÷568=1.839788732
9	1045×2－168=1922	1922÷1045=1.83923445
10	1922×2－309=3535	3535÷1922=1.839229969
11	3535×2－568=6502	6502÷3535=1.8393201075

神秘的 The Wonderful
Second Golden Ratio
第二個黃金比例

數序	$1^2=1$ $2^2=4 \rightarrow$ 母數 $3^2=9$	$\mu 3=1.839286755\cdots$
12	$6502\times2-1045=11959$	$11959\div6502=1.839280221$
13	$11959\times2-1922=21996$	$21996\div11959=1.839284221$
14	$21996\times2-3535=40457$	$40457\div21996=1.839288962$
15	$40457\times2-6502=74412$	$74412\div40457=1.839286156$
16	$74412\times2-11959=136865$	$136865\div74412=1.839286674$
17	$136865\times2-21996$ $=251734$	$251734\div136865=1.839286889$
18	$251734\times2-40457$ $=463011$	$463011\div251734=1.839286707$
19	$463011\times2-74412$ $=851610$	$851610\div463011=1.839286756$
20	$851610\times2-136865$ $=1566355$	$1565355\div851610=1.839286763$
21	$1566355\times2-251734$ $=2880976$	$2880976\div1566355$ $=1.839286755$
22	$2880976\times2-463011$ $=5298941$	$5298941\div2880976$ $=1.839286755\cdots$
23	$5298941\times2-851610$ $=9746272$	$9746272\div5298941$ $=1.839286755\cdots$

其最後比例與用三合一公式 $X^3-X^2-X-1=0$ 解 $X=1.839286756$ 相同 ∴ $X=\mu_3=1.839286755$

任意三個母數的陳氏數列之相鄰兩數之比也是 $\mu_3=1.8392867\cdots$

數序	11 用「簡易數法」 89 計算下列的 54 →母數 陳氏數列	$\mu 3=1.839286755\cdots$
1	(11+89+54)=154	
2	(154×2−11)=297	297÷154=1.928571429
3	(297×2−89)=505	505÷297=1.7003367
4	(505×2−54)=956	956÷505=1.893069307
5	(956×2−154)=1758	1758÷956=1.838912134
6	(1758×2−297)=3219	3219÷1758=1.83105802
7	(3219×2−505)=5933	5933÷3219=1.843118981
8	(5933×2−956)=10910	10910÷5933=1.838867352
9	(10910×2−1758)=20062	20062÷10910=1.838863428
10	(20062×2−3219)=36905	36905÷20062=1.839547403
11	(36905×2−5933)=67877	67877÷36905=1.839235876
12	(67877×2−10910)=124844	124844÷67877 =1.839268088
13	(124844×2−20062)=229626	229626÷124844 =1.839303451
14	(229626×2−36905)=422347	422347÷229626 =1.839282137
15	(422347×2−67877)=776817	776817÷422347 =1.839286179
16	(776817×2−124844) =1428790	1428790÷776817 =1.83928776

數序	11　　　　　用「簡易數法」 89　　　　　計算下列的 54　→母數　陳氏數列	$\mu_3 = 1.839286755\cdots$
17	$(1428790 \times 2 - 229626)$ $= 2627954$	$2627954 \div 1428790$ $= 1.839286389$
18	$(2627954 \times 2 - 422347)$ $= 4833561$	$4833561 \div 2627954$ $= 1.839286761$
19	$(4833561 \times 2 - 776817)$ $= 889035$	$889035 \div 4833561$ $= 1.839286812$
20	$(889035 \times 2 - 1428790)$ $= 16351820$	$16351820 \div 889035$ $= 1.839286729$
21	$(16351820 \times 2 - 2627954)$ $= 30075686$	$30075686 \div 16351820$ $= 1.839286755\cdots$
22	$(30075686 \times 2 - 4833561)$ $= 5517811$	$5517811 \div 30075686$ $= 1.839286755\cdots$

上面陳氏數列是三合一數列，其最後的兩數比是

$\mu_3 = 1.839286755\cdots$

陳氏數列的三合一公式　$X^3 - X^2 - X - 1 = 0$, 解$X = 1.839286755\cdots$

$X = \mu_3 = 1.839286755\cdots$

三連數中參一個無理數$^{(*)}$ $\sqrt{2}$ ，其三合一數亦無理數，但其μ_3相同

數序 1 $\sqrt{2}$ $3 \rightarrow$ 母數		
1 2 3 4 5 ・ ・ ・ ・ 15 16 17 18 19 20	$1+\sqrt{2}+3+4+\sqrt{2}$ $\sqrt{2}+3+4+\sqrt{2}=7+2\sqrt{2}$ $3+4++7+\sqrt{2}=14+\sqrt{2}$ 可用簡易法： $(14+3\sqrt{2})\times 2-3=25+6\sqrt{2}$ $(25+6\sqrt{2})\times(4+\sqrt{2})$ $=46+6\sqrt{2}$ 　　・ 　　・ 　　・ 　　・ 　　・ 　　・・	$\dfrac{7+2\sqrt{2}}{4+\sqrt{2}}=\dfrac{24+\sqrt{2}}{14}$ $=1.815300969$ $\dfrac{14+3\sqrt{2}}{7+2\sqrt{2}}=\dfrac{86-7\sqrt{2}}{41}$ $=1.85610988$ $\dfrac{25+6\sqrt{2}}{14+3\sqrt{2}}=1.835550124$ $\dfrac{46+11\sqrt{2}}{25+6\sqrt{2}}=1.838310645$ 　　　　・ 　　　　・ 　　　　・ 　　　　・ 　　　　・ $=1.839286755$

其最後比例與用三合一公式 $X^3-X^2-X-1=0$ ，解 $X=1.839286755\cdots=\mu_3$ 相同，為了避免繁雜的計算，最好

神秘的 第二個黃金比例

The Wonderful
Second Golden Ratio

不要在母數中參雜任何一個無理數。

※：任何一個數字當開平方時不能得到一個完整數目的都是無理數，例如：$\sqrt{2}$，$\sqrt{3}$，$\sqrt{5}$，$\sqrt{7}$，π 等

四個母數的四合一陳氏數列，其相鄰兩數之比 μ_4=1.927561935…

數序	四個母數可任意數，但為了計算方便以1,2,3,4為母數，仍然以「簡易數法」計算下列四合一陳氏數列		
	1,2,3,4→ 母數		
1	(1+2+3+4)=10	19÷10	=1.9
2	(10x2-1)=19	36÷19	=1.8947368…
3	(19x2-2)=36	69÷36	=1.916666…
4	(36 x2-3)=69	134÷69	=1.9420289…
5	(69 x2-4)=134	258÷134	=1.9253731…
6	(134 x2-10)=258	497÷258	=1.9263565…
7	(258 x2-19)=497	958÷497	=1.9275653…
8	(497 x2-36)=958	1847÷958	=1.9279749…
9	(958 x2-69)=1847	3560÷1847	=1.9274499…
10	(1847 x2-134)=3560	6862÷3560	=1.9275280…
11	(3560 x2-258)=6862	13227÷6862	=1.9275721…
12	(6862 x2-497)=13227	25496÷13227 =1.9275723…	
13	(13227 x2-958)=25496	49145÷25496 =1.9275572…	
14	(25496 x2-1847)=49145	94730÷49145 =1.9275612…	

數序	四個母數可任意數，但為了計算方便以1,2,3,4為母數，仍然以「簡易數法」計算下列四合一陳氏數列	
	1,2,3,4→ 母數	
15	(49145 x2-3560)=94730	$182598 \div 94730$ $=1.9275625\cdots$
16	(94730 x2-6862) 　　=182598	$351969 \div 182598$ $=1.9275621\cdots$
17	(182598 x2-13227) 　　=351969	$678442 \div 351969$ $=1.9275618\cdots$
18	(351969 x2-25496) 　　=678442	$1307739 \div 678442$ $=1.9275619\cdots$
19	(678442 x2-49145) 　　=1307739	$2520748 \div 1307739$ $=1.9275619\cdots$
20	(1307739 x2-94730) 　　=2520748	$4858898 \div 2520748$ $=1.9275619\cdots$
21	(2520748 x2-182598) 　　=4858898	$9365827 \div 4858898$ $=1.9275619\cdots$
22	(4858898 x2-351969) 　　=9365827	

1. 四合一「簡易計算法」：陳氏數列的四合一計算與二合一的費波納奇數列的簡易計算法相類似；例如數序10的數值，可由數序9的數乘2減前四個數序的前一個數(數序5的數)就可得：即 1847 x2-134=3560

2. 四合一的陳氏數列，其最後相鄰的數比μ_4=1.9275619…

3. 陳氏數列的四合一公式：$X^4-X^3-X^2-X-1=0$

解X= μ_4 = 1.9275619

費波納奇數列(二合一)的數值與總和數值的簡易算法

數序	費氏數列 1,2→母數	簡易算法	費氏數列總和數值	簡易算法
1	3		6	
2	5	5=3 x2-1	11	
3	8	8=5 x2-2	19	
4	13	13=8 x2-3	32	32=19 x2-6
5	21	21=13 x2-5	53	53=32 x2-11
6	34	34=21 x2-8	87	87=53 x2-19
7	55	55=34 x2-13	142	142=87 x2-32
8	89	89=55 x2-21	231	231=142 x2-53
9	144	144=89 x2-34	375	375=231 x2-87
10	233	233=144 x2-55	608	608=375 x2-142
11	377	377=233 x2-89	985	985=608 x2-231 (也可如前頁之簡易數法)

　　以上可得下列關係：簡易算法在三合一，四合一……尤覺方便。

一、二合一的費波納奇數列等於前一個費氏數列乘2減前第二數就可得。

　　例：數序11的費氏數值，可由數序10的數乘2減數序

8=10-2的數就得。

377(數序11)=233(數序10) x2-89(數序8)

二、二合一的費氏數列的總和數等於前一個總和數乘2減前第二個總和數就得。例：數序11的費氏數列總和等於數序10的總和數乘2減前數序8的總和數就得。

985(數序11)=608(數序10) x2-231(數序8)

從以上一、二可得一公式：

數序n+1的數(或總和數)等於數序n的數(或總和數)乘2減數序n-2的數(或總和數)

設Fn+1為數序n+1的數(或總和數)，Fn為數序n的數(或總和數)，Fn-2為數序n-2的數(或總和數)則，

可得一公式：$Fn+1=Fn \times 2-Fn-2 (n>2)$

陳氏數列(三合一)的數值與總和數值的簡易算法

數序	陳氏數列(三合一) 1,2,3 → 母數	簡易算法	陳氏數列總和數值	簡易算法
1	6	6=3　　x2-0	1+2+3+6=12	
2	11	11=6　　x2-1	1+2+3+6+11=23	
3	20	20=11　x2-2	以下同理43	
4	37	37=20　x2-3	80	80=43　　x2-6
5	68	68=37　x2-6	148	148=80　　x2-12
6	125	125=68　x2-11	273	273=148　x2-23
7	230	230=125　x2-20	503	503=273　x2-43
8	423	423=230　x2-37	926	926=503　x2-80
9	778	778=423　x2-68	1704	1704=926　x2-148
10	1431	1431=778　x2-125	3135	3135=1704 x2-273
11	2632	2632=1431 x2-230	5767	5767=3135 x2-503

(也可如前頁之簡易算法：如2632+3135=5767)

以上可得下列關係：

一、三合一數的陳氏數列等於前一個三合一數乘2減前第
三數就可得。

例：數序第11的數值，可由數序第10的數乘2減數序7
的數就得。

2632(數序11)=1431(數序10) x2-230(數序7)

二、三合一數列的總和數等於前一個總和數乘2減前第三
個總和數就可得。

例：數序11的總和數等於數序10的總和數乘2減數序
第7的數就可。

5767(數序11)=3135(數序10) x2-503(數序7)

從以上一、二可得一公式：

數序n+1的數(或總和數)等於數序n的數(或總和數)乘
2減n-3的數值(或總和數)設Fn+1為數序n+1的數(或總和
數)，Fn為數序n的數(或總和數)，Fn-3為數序n-3的數(或
總和數)

則，可得一公式：$F_{n+1}=F_n \times 2-F_{n-3}$ (n>3)

從以上兩頁所得公式延伸到四合一、五合一…….的公
式，可看出是一個有規律的公式：

二合一公式：$F_{n+1}=F_n \times 2-F_{n-2}$

三合一公式：$F_{n+1}=F_n \times 2-F_{n-3}$

四合一公式：$F_{n+1}=Fn \quad x2-F_{n-4}$

五合一公式：$F_{n+1}=Fn \quad x2-F_{n-5}$

$$\cdot \qquad \cdot$$

$$\cdot \qquad \cdot$$

$$\cdot \qquad \cdot$$

從第 33 頁的公式(1)　$X^2-X-1=0$

可求出二合一的黃金比例 $\Phi=1.6180339\cdots$

從第 36 頁公式(2)　$X^3-X^2-X-1=0$

可求出三合一陳氏數值比例 $X=\mu_3=1.8392867\cdots$

同理，我們可以推演出四合一，五合一………的比例
公式：

四合一的比例公式為　$X^4-X^3-X^2-X-1=0$

　　　解出　$X=1.9275619\cdots=\mu_4$ (請參閱第 49 頁)

　　　μ_4 是四合一數列最後兩數的比例，

五合一的比例公式為　$X^5-X^4-X^3-X^2-X-1=0$

　　　解出　$X=1.9659482\cdots=\mu_5$

　　　μ_5 是五合一數列最後兩數的比例，

　　可延續求六合一…………十合一等的比例值，可發現愈多數合一的數列，其最後相鄰兩數之比例將以2為極限值

(三)費波納奇數列(二合一)與陳氏數列(三合一)的相似關係

　　A. 第一個相似關係：

　　由第40頁取費波納奇數列的最後三個數(數序20,21,22)

　　設三數在直角笛卡兒坐標X, Y, Z與原點O的距離為x,y,z(如圖五)

　　　　則x=28657，　y=46368，　　z=75025

　　　　連結各頂點a,b,c,d,e,f,g,o形成一個立方體

　　　　則　oe=ab=cd=fg=x

　　　　　　og=ef=bc=ad=y

　　　　　　oa=eb=fc=gd=z

　　　　設此立方體的對角線oc長為M

　　　則 $\sqrt{X^2+Y^2+Z^2}$ = $\sqrt{8,599.965,698}$=92736

　　M÷x=92736÷28657=3,236 ——對角線M的長是x的3,236倍

　　　　M÷y=92736÷46368=2————對角線M的長是y的2倍

M÷z＝92736÷75025＝1,236～～～～對角線M的長是z的 1,236倍

$$\dfrac{M/x}{M/y} = \dfrac{3.236}{2} = 1.618 = \Phi$$

$$\dfrac{M/y}{M/z} = \dfrac{2}{1.236} = 1.618 = \Phi$$

同理，從第42頁三合一陳氏數列的最後三個數(數序20,21,22)

設三數在直角笛卡兒坐標X, Y, Z與原點O的距離為x,y,z(同樣如圖六)

則 x＝634061， y＝1166220， z＝2145013

也可形成a,b,c,d,e,f,g,o的立方體，其對角線長為M，

$X^2 = 634061^2 = 402 \times 10^9$

$y^2 = 1166220^2 = 1360 \times 10^9$

$z^2 = 2145013^2 = 4601 \times 10^9$

$M = \sqrt{X^2 + Y^2 + Z^2} = \sqrt{6363 \times 10^9} = 2,522,499$

M÷x＝2522499÷634061＝3,978 ——對角線M的長是x的3,978倍

M÷y＝2522499÷1166220＝2,163——對角線M的長是y的2,163倍

M÷z＝2522499÷2145013＝1,176——對角線M的長是z的1,176倍

$$\frac{M/x}{M/y}=\frac{3.978}{2.163}=1.839=\mu_3$$

$$\frac{M/y}{M/z}=\frac{2.163}{1.176}=1.839=\mu_3$$

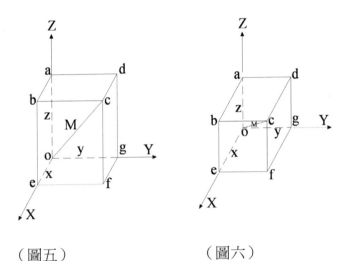

（圖五）　　　　　　　（圖六）

B. 第二個相似關係：

二合一的<u>斐波納奇</u>數列或三合一的陳氏數列的最後三連數之乘積等於中間數的立方

　　從第40頁二合一的<u>費波納奇數列</u>或第42頁三合一的陳氏數列的最後三連數(數序20,21,22)之乘積等於中間數之立方。

　　設費波納奇數列的最後三連數為x,y,z，已知其比例為Φ

　　故　$y = \Phi x$ ——ⓐ

　　　　$z = \Phi y = \Phi^2 x$ ——ⓑ

　　由ⓐⓑ得　$y^3 = \Phi^3 x^3 = x \cdot \Phi x \cdot \Phi^2 x = xyz$

　　驗算：$y^3 = xyz$

　　從第40頁得　$x = 28,657$, $y = 46,368$, $z = 75,025$

　　則 $x \cdot y \cdot z = 28,657 \times 46,368 \times 75,025 = 9,969 \times 10^{13}$

　　$y^3 = (46,368)^3 = 9,969 \times 10^{13} = xyz$

　　圖五為xyz的立方體，圖六可變為xyz=y3的正立方體。

　　從第42頁陳氏數列最後三連數(數序20,21,22)，設其三連數為x,y,z。

　　已設其比例 μ_3(三合一比例)為單純的 μ。

　　則　$y = \mu x$ ——ⓐ

　　　　$Z = \mu y = \mu^2 x$ ——ⓑ

　　由ⓐⓑ得　$y^3 = \mu^3 x^3 = x \cdot \mu x \cdot \mu^2 x = xyz$

驗算：$y^3=xyz$

從第 42 頁的數序20,21,22得　$x=634{,}061$，$y=1{,}166{,}220$，$z=2{,}145{,}013$

$x \cdot y \cdot z=634{,}061 \times 1{,}166{,}220 \times 2{,}145{,}013=1{,}586{,}139{,}772 \times 10^9$

$y^3=(1{,}166{,}220)^3=1{,}586{,}139{,}772 \times 10^9 = x \cdot y \cdot z$

可延伸到四合一，五合一……………………其最後三連數之乘積等於中間數的立方。

C. 第三個相似關係：從 Φ 變成 μ_3，再變成 μ_4, $\mu_5, \mu_6 \cdots$

回到原處，從<u>歐幾里德</u>(Euclid)的中末比起(參閱第32,33頁)

$$\frac{1}{X}=\frac{X}{X+1} <=> x^2=1+x <=> x^2-x-1=0 \text{ (二合一公式)}$$

將 $x^2-x-1=0$　除以 x^2，則變成 $1-\frac{1}{X}-\frac{1}{X^2}=0$，$x=1.618033989=\Phi$

如果將左邊加一項「$-\frac{1}{X^3}$」，則變成三合一公式 $1-\frac{1}{X}-\frac{1}{X^2}-\frac{1}{X^3}=0$，

解 $x=1.839286755=\mu_3$

神秘的
The Wonderful
Second Golden Ratio
第二個黃金比例

　　如果將上式的左邊再加一項「$-\frac{1}{X^4}$」就變成四合一的公式

$$1-\frac{1}{X}-\frac{1}{X^2}-\frac{1}{X^3}-\frac{1}{X^4}=0$$

解 x=1.927561975=μ_4 (請參閱第 49 頁)

再回到<u>歐幾里德</u>的中末比公式：

$x^2-x-1=0 <=> x^2=x+1$

將兩邊乘X，則$x^3=x^2+x$，解x=1.618033989=Φ

若將$x^3=x^2+x$的右邊加一，則，$x^3=x^2+x+1$

解x=1.839286755=μ_3

將上式兩邊乘x，得$x^4=x^3+x^2+x$

其右邊加一，則 $x^4=x^3+x^2+x+1$解x=1.927561975=μ_4(四合一比例)

　　同理將上式「兩邊乘x，右邊加一」

則得 $x^5=x^4+x^3+x^2+x+1$　解x=1.965948237=μ_5 (五合一比例)

　　因此，二合一公式，只要「兩邊乘x，右邊加一」就變成三合一公式。

　　三合一公式，也只要「兩邊乘x，右邊加一」就變成四合一公式。

任何數合一的公式，只要「兩邊乘x，右邊加一」就變成多一次方的公式。

D. 將無理數變成有理數－ $\Phi + \dfrac{1}{\Phi^2} = 2$ ， $\mu_3 + \dfrac{1}{\mu_3^3} = 2$ ， $\mu_4 + \dfrac{1}{\mu_4^4} = 2$ ……

從二合一公式 $x^2 - x - 1 = 0$ 解 $x = 1.6180339887 = \Phi$ (二合一比例)

除以x， $x - 1 - \dfrac{1}{X} = 0 <=> x = 1 + \dfrac{1}{X}$ ——ⓐ

上式ⓐ右邊加上 $\dfrac{1}{X^2}$

則 $x = 1 + \dfrac{1}{X} + \dfrac{1}{X^2}$ ——ⓑ

解 $x = 1.839286755 = \mu_3$ (三合一比例)

同理，將ⓑ式右邊加 $\dfrac{1}{X^3}$

則 $x = 1 + \dfrac{1}{X} + \dfrac{1}{X^2} + \dfrac{1}{X^3}$ ——ⓒ

解 $x = 1.927561975 = \mu_4$ (四合一比例)

將ⓒ式右邊加 $\dfrac{1}{X^4}$

則 $x=1+\dfrac{1}{X}+\dfrac{1}{X^2}+\dfrac{1}{X^3}+\dfrac{1}{X^4}$ ——ⓓ

解 $x=1.965948237=\mu_5$(五合一比例)

因此，二合一的公式ⓐ加上 $\dfrac{1}{X^2}$，變成三合一的公式

$x=1+\dfrac{1}{X}+\dfrac{1}{X^2}$

上式乘 x^2，得 $x^3=x^2+x+1 \iff x^3-x^2-x-1=0$(三合一公式)

但，三合一公式ⓑ的右邊 $1+\dfrac{1}{X}+\dfrac{1}{X^2}$ 如果把 $\Phi(1.6180339887)$ 的數值代入x，其和變為2。

也就是 $1+\dfrac{1}{X}+\dfrac{1}{X^2}=2$ 或 $1+\dfrac{1}{\Phi}+\dfrac{1}{\Phi^2}=2$

四合一的公式ⓒ的右邊 $1+\dfrac{1}{X}+\dfrac{1}{X^2}+\dfrac{1}{X^3}$，如果把 $\mu_3(1.839286755)$

代入x，其和亦為2。

也就是 $1+\dfrac{1}{\mu_3^1}+\dfrac{1}{\mu_3^2}+\dfrac{1}{\mu_3^3}=2$

五合一的公式ⓓ的右邊 $1+\dfrac{1}{X}+\dfrac{1}{X^2}+\dfrac{1}{X^3}+\dfrac{1}{X^4}$，如果把

四合一比例 μ_4 (1.927561975…)代入x，其和亦為2。

因此，從第 32,33 頁中末比的公式 $x^2-x-1=0$

解得 $x=\dfrac{1+\sqrt{5}}{2}=\Phi=1.6180339887\cdots$.

現今，數學家已經解到小數點以下4,500位，還沒辦法得到完全的數值，甚至4,500位數值沒有任何重複的數。可說Φ是一個非常特殊的無理數，其原因Φ中有一個$\sqrt{5}$。但是這個無理數如果加上一個$\dfrac{1}{\Phi^2}$，就變成有理數2。

現在已經知道，只要加上$\dfrac{1}{X^2}$，也就是$\dfrac{1}{\Phi^2}$，那麼，原本是一個無窮無盡的無理數就變成有理整數2。

也就是$1+\dfrac{1}{\Phi}+\dfrac{1}{\Phi^2}=2$，此式也可寫成$\Phi+\dfrac{1}{\Phi^2}=2$

因為$1+\dfrac{1}{\Phi}=\Phi$， 因為$\dfrac{1}{\Phi}=0.6180339887\cdots$。

ⓑ式是三合一公式，其右邊$1+\dfrac{1}{X}+\dfrac{1}{X^2}$加上$\dfrac{1}{X^3}$，把x以$\mu_3(1.839286755\cdots)$代入，得$1+\dfrac{1}{\mu_3^1}+\dfrac{1}{\mu_3^2}+\dfrac{1}{\mu_3^3}$，其和亦為2

也就是$1+\dfrac{1}{\mu_3^1}+\dfrac{1}{\mu_3^2}+\dfrac{1}{\mu_3^3}=\mu_3+\dfrac{1}{\mu_3^3}=2$

ⓒ式是四合一公式，其右邊$1+\dfrac{1}{X}+\dfrac{1}{X^2}+\dfrac{1}{X^3}$加上$\dfrac{1}{X^4}$，再把x以$\mu_4(1.927561975\cdots)$代入，其和亦為2 也就是

$1+\dfrac{1}{\mu_4^1}+\dfrac{1}{\mu_4^2}+\dfrac{1}{\mu_4^3}+\dfrac{1}{\mu_4^4}=\mu_4+\dfrac{1}{\mu_4^4}=2$

因為 $1+\dfrac{1}{\mu_4^1}+\dfrac{1}{\mu_4^2}+\dfrac{1}{\mu_4^3}=\mu_4$

ⓓ式也同樣道理 $\mu_5+\dfrac{1}{\mu_5^5}=2$

因此，可以把 $\dfrac{1}{\Phi^2}$，$\dfrac{1}{\mu_3^3}$，$\dfrac{1}{\mu_4^4}$，$\dfrac{1}{\mu_5^5}$ …稱為「補整項」。

因為，加上「補整項」後，原本無理數的 Φ，μ_3，μ_4，μ_5 …等，都變為有理整數 2。

也就是 $\Phi+\dfrac{1}{\Phi^2}=2$

$\mu_3+\dfrac{1}{\mu_3^3}=2$

$\mu_4+\dfrac{1}{\mu_4^4}=2$

$\mu_5+\dfrac{1}{\mu_5^5}=2$

$\mu_n+\dfrac{1}{\mu_n^n}=2$

「n」指n個數合一的最後兩個數列之比值 μ_n。

因此，上式 $\mu_n+\dfrac{1}{\mu_n^n}=2$，當n→∞時

$$\mu_n+\dfrac{1}{\mu_\infty^\infty}=2$$

意為無窮個數合一的比值等於2。

因為 $\dfrac{1}{\mu_\infty^\infty}$ 等於零

作者想到<u>布魯克曼</u>的一首打油詩(請參閱第 21 頁)，應該再加一首打油詩：

> 黃金比例真無理，
>
> 只要加上「補整項」，
>
> 無理也變有理。
>
> 不管小數有多少，
>
> 只要加上「補整項」，
>
> 小數也變整數。

E. 上帝的另一隻眼睛

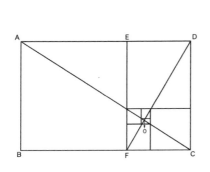 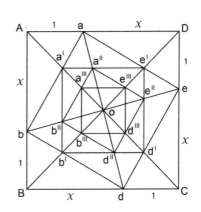

圖七　　　　　　　　圖八

上面圖七是一個按照長寬比例等於黃金比例(1:1.618)畫出的黃金矩形ABCD；我們再畫一條直線EF，使AE＝EF，也就是正方形ABFE。剩下的矩形CDEF的長寬

比也是黃金比例Φ，因此矩形CDEF的長寬比也是黃金矩形。它們恰似母子矩形，子矩形CDEF正好是母矩形的$\frac{1}{\Phi}$倍。如果我們依同樣方法繼續畫更小的矩形，其長寬比例永遠是黃金比例Φ的黃金矩形。也就是你將發現把它置於放大鏡下來畫，也將永遠達不到AC，DF的交點O。因為永遠可以再畫一個更小的黃金矩形。因此，一些對黃金比例Φ入迷的科學家認為這是「神賜」的特殊比例。譬如數學家皮考佛(A.pickover)建議，把這一個永遠達不到的點O稱為「上帝的眼睛」。因為它是人類靠自己永遠到不了的地方。除非有上帝的帶領。

圖八是作者發現的「獨一無二又奇妙的正方形」(請參閱第 35 頁)正方形ABCD的每一邊以1:x分割為兩部份；其四個分割點a,b,d,e連結成一個小正方形abde。從畢達哥拉斯(pythagoras)定理可知ab=$\sqrt{x^2+1}$ 而AB=x+1。

作者發現的這個微妙關係是$\frac{AB^2}{ab^2}=\frac{(x+1)^2}{x^2+1}=x$

由上式得$(x+1)^2=x(x^2+1)$ <=> $x^3-x^2-x-1=0$

解 x=1.839286755…=μ_3

μ_3是第 42 頁「三合一陳氏數列」的最後比例。

在上式$\frac{AB^2}{ab^2}=\frac{(x+1)^2}{x^2+1}=x$裡，請諸位讀者以各種數值代

入x，都不可能成立。唯獨以x=1.839286755…代入才能成

立。且正好是第 42 頁的「三合一陳氏數列」的最後比例

μ_3。

因此可知

費波納奇(二合一)數列，其公式：$x^2-x-1=0$ x=Φ
=1.6180339887….

陳氏數列(三合一)的公式：$x^3-x^2-x-1=0$
x=μ_3=1.839286755…

$$\frac{(x+1)^2}{x^2+1} = \frac{\text{正方形ABCD的面積}}{\text{正方形abde的面積}}$$

意為大小正方形的面積比等於μ_3。

畫正方形ABCD的對角線AC，BD，其交點O;那麼正
方形abde的對角線ad, be, 其交點也是0。且對角線AC,BD
與正方形abde的四個交點a', b', d', e' 連結四交點形成一更
小的正方形a' b' d', e'其四個邊與對角線ad, be的四個交點
a″, b″, d″, e″,再連結四交點，形成一更小的正方形a″
b″ d″ e″。

同理，可形成另一個更小的正方形a‴ b‴ d‴ e‴……
可達無限小的正方形a$^\infty$b$^\infty$d$^\infty$e$^\infty$,且永遠達不到0點。這些無
窮數個正方形的每一邊都是以1:μ_3分割。

　　以上這些特性，似乎可稱為「神賜」的特性。因此，若正方形的邊以 $1:\mu_3$ 的比例分割而成的無窮多個正方形都可稱為「黃金正方形」。其比例 μ_3 可稱為「第二個黃金比例」。0點堪稱為「上帝的另一隻眼睛」。因為0點是人類永遠無法達到的一點。

　　F　正方形裡可容納許多種黃金矩形

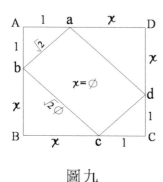

圖九

二合一黃金矩形

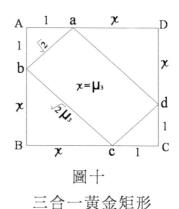

圖十

三合一黃金矩形

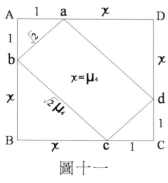

圖十一

四合一黃金矩形

　　上三圖是三個同樣大小的正方形ABCD，以 $1:X$ 分割（$X=\Phi, \mu_3, \mu_3$）

　　其分割點a, b, c, d, ;連結分割點，形成三種不同的黃金矩形。

圖九是1：X分割，X=Φ=1.6180339887……(二合一比例)

分割後的二合一黃金矩形abcd,相鄰兩邊的比例是

$\sqrt{2} : \sqrt{2} \Phi = 1:\Phi$

其面積=$\sqrt{2} \cdot \sqrt{2} \Phi = 2\Phi$……二合一黃金矩形的面積。

圖十是1：X分割，但X=μ_3=1.8392867……(三合一比例)

分割後的三合一黃金矩形abcd，其比例是$\sqrt{2} : \sqrt{2}$ μ_3=1：μ_3

三合一黃金矩形的面積=$\sqrt{2} \cdot \sqrt{2} \mu_3 = 2\mu_3$

圖十一是1：X分割，但X=μ_4=1.9275619…(四合一比例)

分割後的四合一黃金矩形abcd，其比例是$\sqrt{2} : \sqrt{2}$ μ_4=1：μ_4

四合一黃金矩形的面積=$\sqrt{2} \cdot \sqrt{2} \mu_4 = 2\mu_4$

G. Φ是線長比例，μ_3是面積比例，預測μ_4是體積比例。

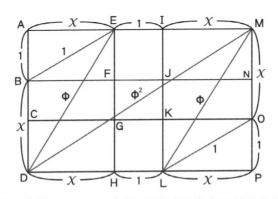

圖十二

正四方形ADLI，四邊以X:1分割，延長IM=AE=X，LP=DH=X

因此，AM=DP=2X+1，AD=PM=X+1

因此，$\dfrac{AM}{AD}=\dfrac{DP}{PM}=\dfrac{2x+1}{x+1}$

設$\dfrac{2x+1}{x+1}$=X，解X=1.618033989=Φ (第一個黃金比例)

$\dfrac{AD}{AE}=\dfrac{MP}{MI}=\dfrac{x+1}{x}$

設$\dfrac{x+1}{x}$=X，解X=1.618033989=Φ (第一個黃金比例)

故$\dfrac{AE}{AB}=\dfrac{x}{1}$=1.618033989=Φ (第一個黃金比例)

故四邊形ADPM，ADHE，ILPM，其長寬比都是Φ，因此這三個四邊形都是黃金矩形。同理四邊形ABFE，CDHG，IJNM，KLPO，其長寬比也都是等於Φ的黃金矩形。

線段 $BE=\sqrt{x^2+1}$ ，$DE=\sqrt{(X+1)^2+X^2}$ ，$DM=\sqrt{(2X+1)^2+(X+1)^2}$

因此$\dfrac{DE}{BE}=\dfrac{\sqrt{(X+1)^2+X^2}}{\sqrt{X^2+1}}$

設 $\dfrac{\sqrt{(X+1)^2+X^2}}{\sqrt{X^2+1}}=X$ ，解X=1.618033989=Φ

故 $\dfrac{DE}{BE}=\dfrac{\sqrt{(X+1)^2+X^2}}{\sqrt{X^2+1}}=\dfrac{Φ}{1}$

同理，設 $\dfrac{DM}{DE}=\dfrac{\sqrt{(2X+1)^2+(X+1)^2}}{\sqrt{(X+1)^2+X^2}}=x$

解X=1.618033989=Φ

因此　BE:DE:DM=1:Φ:Φ^2

同理　OL:LM:MD=1:Φ:Φ^2

故　　BE+DE=DM<=>1+Φ=Φ^2(這是黃金比例的重大發現)

同理　OL+LM=MD<=>1+Φ=Φ^2

兩個正方形ADLI與EHPM，(重疊一部份EI=HL)，可形成許多黃金矩形。

二合一的黃金比例，只是線長比例。

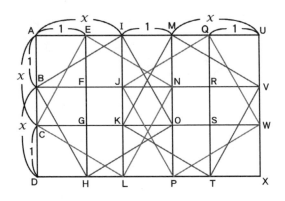

圖十三

　　圖十三與圖十二的長寬比相同。在圖十二中可看出裡面有許多 Φ 的存在。但在圖十三中，可看出裡面有許多 μ_3 的存在

　　先比較大正方形ADPM與兩個小正方形IBHO與ECLN；另一個大正方形ILXU與兩個小正方形MKTV與QJPW。請再參閱第 35 頁的圖二，可知大正方形的每邊長是X+1，小正方形的每邊長是 $\sqrt{X^2+1}$

$$\frac{\text{正方形ABCD的面積}}{\text{正方形abde的面積}} = \frac{(x+1)^2}{x^2+1}$$

　　可比較圖十三的兩個大正方形與四個小正方形的面積比。

　　舉例：$\dfrac{AD^2}{IB^2} = \dfrac{IL^2}{MK^2} = \dfrac{(x+1)^2}{x^2+1}$

設上式 $\frac{(x+1)^2}{x^2+1}=X<=>X^2+2X+1=X^3+X<=>X^3-X^2-X-1=0$

可得與第 36 頁的公式(2)完全一樣的三合一黃金比例 μ_3

解 $X^3-X^2-X-1=0$，得 $X=1.839286755\cdots.=\mu_3$

因此可知 $\dfrac{\text{正方形ABCD的面積}}{\text{正方形abde的面積}}=\mu_3$

μ_3 是三合一黃金比例，也是兩個正方形的面積比例。

圖十三還有許多三合一的黃金矩形。

舉例：$\dfrac{IL^2}{QJ^2}=\dfrac{(x+1)^2}{x^2+1}=\mu_3$

還有更多，恕不枚舉。

　　由圖十二，圖十三兩圖可知：Φ 是線段的比例，μ_3 是面積的比例。

　　因此，可預測 μ_4(請參閱第 49 頁)將是體積的比例。至今作者尚未發現其幾何圖形為何？

第三章　天地處處是「黃金」

（一）宇宙間最小的原子是氫原子(H)hydrogen，裡面有「第二個黃金比例-μ_3」：

氫原子(hydrogen)，其原子核只有一粒質子(proton)，核外只有一粒電子(electron)圍繞。下列質子，電子，中子是迄今最精確的質量數值：

質子(proton)的質量　mp=1.673×10^{-27}kg

電子(electron)的質量　me=9.11×10^{-31}kg

中子(neutron)的質量　mn=1.675×10^{-27}kg

$$\frac{mp}{me} = \frac{1.673 \times 10^{-27}kg}{9.11 \times 10^{-31}kg} = 1836 \approx 1000\mu_3 \ (\mu_3 = 1.839)$$

$$\frac{mn}{me} = \frac{1.673 \times 10^{-27}kg}{9.11 \times 10^{-31}kg} = 1839 = 1000\mu_3$$

質子的質量與中子的質量幾乎相等，大約是電子

的$1000\mu_3$倍。因此，一粒氫原子的質量幾乎全集中在原子核裡。在第二章已提過許多次「三合一比例」$\mu_3=1.839$。μ_3是「神的第二個比例」也是「第二個黃金比例」。

一克分子的單原子氫含有6.02×10^{23}個(Avogadro數)質點。其質量為1.008g，所以一個氫原子的質量等於$\dfrac{1.008g}{6.02\times10^{23}}=1.675\times10^{-27}kg$。

因此，氫原子的質量=一粒中子的質量。

$$\frac{一粒氫原子的質量}{一粒電子的質量}=1000\mu_3$$

氫原子的中間為何有如此巧妙的比例？因為是上帝(神)創造它們時用過的比例。確實μ_3存在於氫原子中。

除了氫以外，構造最簡單的原子是氦(He)Helium。它的核裡有兩個質子和兩個中子，核外有兩個電子。因此，一個氦原子共有四個質子和四個電子，其質量比也是$1000\mu_3$。還有碳(C)Carbon，由六個質子，六個中子和六個電子，也就是十二個質子與十二個電子構成。其原子質量與電子質量之比例，也是$1000\mu_3$。

還有更多的原子如氮(N)Nitrogen，氧(O)Oxygen等，其原子質量與電子質量之比也是$1839=1000\mu_3$。

（二）太陽系的行星環繞太陽的軌道可以用$\sqrt{2}$，Φ，μ_3計算：

　　自古以來有許多天文學家窮其一生，專注於太陽系的行星運行軌道。其中以德國天文學家<u>刻卜勒</u>(Kepler1571~1630)可算是對這些研究與發現最重要的天文學家之一。

　　<u>刻卜勒</u>一生最重要的發現，可說是稱為「<u>刻卜勒</u>的行星運動三定律」。其定律如下：

　　第一定律：所有行星運行軌道都是橢圓，而以太陽為其一焦點。

　　第二定律：每一行星與太陽的連線在運行過程中的同一段時間，掃過相同的面積。

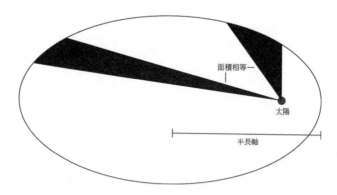

面積相等

太陽

半長軸

　　第三定律:任何行星繞太陽的週期的平方與行星和太陽的平均距離的立方比均為相同，等於1。

在刻卜勒的第三定律的原始陳述裡；刻卜勒給予一個行星運行太陽的週期和行星與太陽的平均距離之間的關係。這個關係可由萬有引力定律得來，此關係包含質量在內如下：「任何行星繞太陽的週期的平方乘以其與太陽的質量比等於其與太陽平均距離之立方比。」例如我們討論火星與地球，m代表質量，m_S是太陽的質量，m_E是地球的質量，m_M是火星的質量。P_{MS}代表火星繞太陽的週期；P_{ES}代表地球繞太陽的週期；而d_{MS}是火星與太陽的平均距離，d_{ES}是地球與太陽的平均距離。

則，刻卜勒的第三定律如下：

$$\frac{(m_S+m_M)P_{MS}^2}{(m_S+m_E)P_{ES}^2} = \frac{d_{MS}^3}{d_{ES}^3}$$

上式m_S+m_M與m_S+m_E可視為相等

因此 $\dfrac{P_{MS}^2}{P_{ES}^2} = \dfrac{d_{MS}^3}{d_{ES}^3}$ <=> $\dfrac{P_{MS}^2}{d_{MS}^3} = \dfrac{P_{ES}^2}{d_{ES}^3}$

如此，刻卜勒的第三定律:太陽系的任何行星，其與太陽的平均距離的三次方除以其週期的平方比相等，且等於1。

刻卜勒是一位基督徒的自然哲學家，刻卜勒的思想裡認為上帝(神)給他的一個重要天職是去了解上帝(神)創造天地萬物所使用過的數學，從這些數學引導出的行星運動

定理裡去發現上帝(神)創造的偉大。他對「黃金比例」也有深厚的興趣。由於「黃金比例」的奧妙性及幾乎在整個天地間無所不在的屬性，他把「黃金比例」稱為「神的比例」。他在觀察金星和地球繞太陽運動之間有8對13的比例。這個比例很接近神的比例。

　　本書的作者Mario Chen從正四方形裡得到「神的第二個黃金比例」的論証後，也嚐試用正方形裡含有的$\sqrt{2}$(正方形對角線等於相鄰兩邊長的平方和的開平方)，Φ和μ_3(請參閱68頁的圖九~十)來代入刻卜勒第三定律裡的「行星與太陽的平均距離」和「繞轉太陽運動的週期」。結果發現用$\sqrt{2}$，Φ，μ_3計算出的「行星與太陽的平均距離」與1772年布德(J. E. Bode)所發現的定律一樣可得出一個與實際測得的數值相近的數值。而有一些行星如天王星，海王星，冥王星，用我的方法算出的甚至比布德定律所計算出的還接近實測值。因此，我進一步用$\sqrt{2}$，Φ，μ_3來計算「行星運行的週期」。結果也發現其計算值與實測值也頗相近。更証明了刻卜勒在研究金星與地球繞太陽運動有8對13的費波納奇數字所引出的黃金比例，得到確認。

　　請參閱下列表格，是作者Mario Chen根據正方形裡含有的$\sqrt{2}$，Φ，μ_3來計算行星與太陽的平均距離d和行星繞太陽的週期P (請參閱第68頁圖九~十)

下表的 $\Phi=1.618$，$\mu_3=1.839$

	布德算出的天文單位	實測的天文單位	以 $\sqrt{2}$, Φ , μ_3 計算出的行星與太陽的平均距離(d)的天文單位	實測的週期	以 $\sqrt{2}$, Φ , μ_3 計算出的週期(P)
水星	0.4	0.39	$0.71 \div \mu_3$ $=0.386$	88日	$225.74^{(日)} \div \Phi^2$ $=86.23^{(日)}$
金星	0.7	0.72	$1 \div \sqrt{2} = 0.71$	225日	$365.25^{(日)} \div \Phi$ $=225.74^{(日)}$
地球	1.0	1.0	1.0	一年 (365.25日)	一年(365.25^{日})
火星	1.6	1.52	$1 \times \frac{\sqrt{2+\Phi}}{2} = 1.52$	1.88年	$1 \times \mu_3$ $=1.839$年
殼神	2.8	2.77	$1.52 \times \mu_3 = 2.8$	5年	$1.839 \times \Phi^2$ $=4.815$年
木星	5.2	5.2	$2.8 \times \mu_3 = 5.15$	12年	$4.815 \times \Phi^2$ $=12.6$年
土星	10.0	9.54	$5.15 \times \mu_3 = 9.47$	29年	$12.6 \times \sqrt{2} \times \Phi = 28.8$年

天王星	19.6	19.18	$9.47 \times (\sqrt{2}+\frac{1}{\Phi})$ $=19.2$	84年	$28.8 \times \Phi \times$ $\mu_3 = 85.69$年
海王星	38.8	30.06	$19.2 \times \Phi = 31.07$	165年	$85.69 \times$ $\sqrt{2+\Phi} = 163$ 年
冥王星	77.2	39.52	$31.07 \times (\mu_3 - \frac{1}{\mu_3})$ $=40.24$	248年	$163 \times$ $(\frac{\sqrt{2+\Phi}}{2}) = 247$年

※布德定律（Ｂｏｄｅ'ｓ　Ｌａｗ）：使下一個數目是前數的兩倍加４除以１０。也就是以下列數目,0,3,6,12,24,48,96,192,384,768加4除10得之。

※上表的「天文單位」：指地球與太陽的平均距離，約一億五千萬公里為一個「天文單位」。

※上表以$\sqrt{2}$，Φ，μ_3的計算法：以地球為基礎(d=1，p=1)，向內的行星(金星，水星)以「除」，向外的行星(火，穀神，木，金…)以「乘」得次一個數。

當布德定律發表時，還沒發現小行星(穀神)，也還沒有發現天王星，海王星，冥王星。但按布德定律可發現在火星與木星之間似乎缺少一個行星，也就是距離太陽2.8倍天文單位的軌道。後來，於1801年由畢雅茲(piazzi)發現在這個軌道確實有一個小行星(穀神)存在。天王星是於1781年發現，海王星與冥王星分別在1846年和1930年發現。從此完成了太陽系的九大行星。

檢測上述表格的準確性如何?(用刻卜勒第三定律 $\frac{d^3}{p^2}=1$)

實測值： 水星 $\dfrac{d^3}{p^2}=\dfrac{0.39^3}{(88\div365.25)^2}=1.022$

金星 $\dfrac{d^3}{p^2}=\dfrac{0.72^3}{(225\div365.25)^2}=0.9836$

地球 $\dfrac{d^3}{p^2}=\dfrac{1}{1}=1$

火星 $\dfrac{d^3}{p^2}=\dfrac{1.52^3}{1.88^2}=0.9936$

穀神 $\dfrac{d^3}{p^2}=\dfrac{2.77^3}{5^2}=0.85$

木星 $\dfrac{d^3}{p^2}=\dfrac{5.2^3}{12^2}=0.976$

土星 $\dfrac{d^3}{p^2}=\dfrac{9.54d^3}{29^2}=1.032$

天王星 $\dfrac{d^3}{p^2}=\dfrac{19.18^3}{84^2}=1$

海王星 $\dfrac{d^3}{p^2}=\dfrac{30.06^3}{165^2}=0.998$

冥王星 $\dfrac{d^3}{p^2}=\dfrac{39.52^3}{243^2}=1.045$

計算上面十個 $\dfrac{d^3}{p^2}$ 的平均值：

$$\dfrac{1.022+0.9836+1+0.9936+0.85+0.976+1.032+1+0.998+1.045}{10}$$

=0.98822

用 $\sqrt{2}$ ， Φ ， μ_3 計算出的數值：

水星 $\dfrac{d^3}{p^2} = \dfrac{0.386^3}{(86.23 \div 365.25)^2} = 1.033$

金星 $\dfrac{d^3}{p^2} = \dfrac{0.71^3}{(225.74 \div 365.25)^2} = 0.937$

地球 $\dfrac{d^3}{p^2} = \dfrac{1}{1} = 1$

火星 $\dfrac{d^3}{p^2} = \dfrac{1.52^3}{1.839^2} = 1.038$

穀神 $\dfrac{d^3}{p^2} = \dfrac{2.8^3}{4.815^2} = 0.947$

木星 $\dfrac{d^3}{p^2} = \dfrac{5.15^3}{12.6^2} = 0.86$

土星 $\dfrac{d^3}{p^2} = \dfrac{9.47^3}{28.8^2} = 1.024$

天王星 $\dfrac{d^3}{p^2} = \dfrac{19.2^3}{85.69^2} = 0.964$

海王星 $\dfrac{d^3}{p^2} = \dfrac{31.07^3}{163^2} = 1.129$

冥王星 $\dfrac{d^3}{p^2} = \dfrac{40.24^3}{247^2} = 1.068$

計算上面十個 $\dfrac{d^3}{p^2}$ 的平均值:

$$\dfrac{1.033+0.937+1+1.038+0.947+0.86+1.024+0.964+1.129+1.068}{10} = 1$$

由以上計算實測值的平均值 $\dfrac{d^3}{p^2} = 0.98822 \approx 1$

而用 $\sqrt{2}$,Φ,μ_3 計算出的平均值 $\dfrac{d^3}{p^2} = 1$

兩個平均值可說都等於1,更可証明以 $\sqrt{2}$,Φ,μ_3 計算出的太陽系行星的刻卜勒第三定律是可信而精準的。因此,如果 Φ,μ_3 是「神的比例」,經應用它們計算出的行星軌道也是正確的。更可証明宇宙是上帝(神)創造的,絕無可疑。

(三)有一個測驗問題(選擇題):

最適宜人居住的溫度是<1>5℃~15℃,<2>15℃~25℃,

<3>25℃~35℃

相信讀者們都會說：「太簡單了！當然是<2>15℃~25℃。」，不錯，5℃~15℃太冷了，而25℃~35℃太熱了。當然是15℃~25℃最舒服。

可是你知道為什麼嗎？原因是15℃~25℃含有神創造的黃金比例Φ。25÷15=1.666……=Φ。請看前面的費波納奇數列裡有5÷3=1.666……(Φ)。因此，最適宜人居住的環境溫度比是黃金比例Φ。

還有人體中的水份重量與體重的百分比：

成人約60~70%

老人約50~60%

若成人的體重與水份重的百分比是60％，則100÷60=1.666…(黃金比例Φ)。

換一個方法計算$\dfrac{100}{\Phi}=\dfrac{100}{1.618}=61.8\%$，在成人的60~70%之間。

若以老人計算$\dfrac{100}{\mu_3}=\dfrac{100}{1.839}=54.4\%$，在老人的50%~60%之間。

因此，人體中水份的重量百分比亦有Φ與μ_3。

自然界的植物葉類花草中有許多含有Φ與μ_3。五花

瓣裡有Φ，四花瓣裡有μ_3，還有每到秋季，葉子就變成美麗彩色的楓葉裡也有Φ與μ_3。請找一片楓葉，仔細看葉面上有如人的血脈狀的小條紋，叫做葉脈。這些葉脈中，中間那條最長的葉脈和第二長的葉脈其比例正好是μ_3比Φ。

還有，所有能透光的物質中，對光的折射率最大的當首選金鋼石(鑽石)。金鋼石對鈉黃光(波長=589n.m)之折射率為2.417。它因折射率最大，才呈現閃閃彩色光之美。它與折射率最小的冰1.309之比值2.417÷1.309=1.846，很接近μ_3=1.839。若以宏觀的比例，Φ是1.6~1.7之間，μ_3是1.8~1.9之間，那麼1.846等於μ_3。μ_3是「三合一的黃金比例」，非偶然。因為自然界有此美麗的比值~~~μ_3。

正常人的白血球大約是6,000~10,000/m.m^3。白血球是人類重要的免疫系統，白血球的免疫作用是能將外來的病菌殺死，以保護人體免了因病菌入侵而生病。因此，白血球不能太少，才能抵制外來的病菌。但也會偶而碰到一些病毒性強的病菌。此時，身體的免疫機能必須大量生產白血球來對抗病菌，因此，血液裡的白血球的量就增加到一萬以上，病人也會因大量病菌的繁殖而產生炎症、發燒，在此情況下一般醫生可能不會立刻開抗生素來殺菌，先以冰水來使頭部的燒退以保護腦細胞不因高燒而受損。等一、兩天看情況，讓身體的免疫系統自動開啟作用，製造

大量的白血球來與病菌「戰爭」。並將病菌殺死，這是最理想的治療方法。如果一、二天後仍然熱不退，醫生才會考慮用抗生素直接將病菌殺死。

這個正常人的白血球也有一個黃金比例：$10,000 \div 6,000 = 1.666 \cdots (\Phi)$

為何？因為是上帝(神)創造的。

(四) 自古以來，每當午後雨後天晴，天邊出現一輪美麗的彩虹，經常會讓人發出美麗的讚美聲。啊！好美麗的七彩虹，因此，常帶給人無限的遐想。在世界各國的流傳神話裡，彩虹常被賦予神秘的色彩；古希臘的神話故事中，眾神女王希拉(Hera)想召喚她在地面上的臣民時，會派出使者虹之女神(Iris)穿上女王的七彩外衣執行召喚的使命。所以古希臘人只要看到彩虹出現，就知道虹之女神正在執行任務。還有很多不同民族相信彩虹是通往天國的一座橋。在聖經的故事裡：上古挪亞世代，因地面被罪惡充滿，且不聽上帝(神)的勸告悔改。因此上帝(神)決定以洪水毀滅世人，上帝(神)命挪亞一家人(挪亞是當時的世代唯一敬畏上帝(神)的義人。)造一隻大方舟，裡面除了挪亞一家八口之外，地面上的動物各一對一對帶進方舟。然後四十天的大雨毀滅了世界。只留下挪亞一家八口。後來上帝(神)與挪亞一家人立約「凡有血肉的，不再被洪水滅絕，也不再有洪水毀滅大地了。」此立約是有記號的。

上帝(神)說：「我把彩虹放在雲彩中，這就可以作我與世人立約的記號了」(創九11~13)。在聖經上虹也象徵主耶穌。像彩虹似的耶穌要把人間靈性潔白美麗的人們藉著七彩橋—耶穌帶到絢煥燦爛的天堂。

古希臘哲學家亞里斯多德(Aristotle 384~322B.C. 他也被譽為自然科學之父)是第一位細心觀察彩虹的人。他提出了對虹和霓形成的解釋。然而這些解釋都不很正確。一直到十七世紀生頓(Newton)根據光譜的分析所得到的結論，才對虹和霓的形成得到正確的解說。但是，說也奇怪，彩虹竟能一直維持它的神秘色彩，而且，在不同民族裡，含著不同的詩意。

現今人，只要學過物理學，都知道虹與霓是太陽光經過大氣中的水珠折射與反射形成。彩虹大都在傍晚時分，雨後空氣中滯留許多水氣時發生。且七彩虹只是太陽的所有光譜中一個很狹窄的可見光而已，它是可見光的連續光譜。美麗的藍天綠野，紅花綠葉之所以美，是因為造物主在可見光裡命定了七彩的連續光譜。這些可見光照到物體，會反射不同彩色光，因此這個世界變成彩色世界。

若把可見光的光譜，從波長短(頻率大)往波長長(頻率小)來分別，如下：

不可見光的紫外線分軟性與硬性：

- 硬性紫外線，其波長200$^{n.m}$～300$^{n.m}$

- 軟性紫外線，其波長300$^{n.m}$～400$^{n.m}$

可見光分以下六種顏色的色光：

- 紫色光，其波長380$^{n.m}$(或400$^{n.m}$)～450$^{n.m}$ (※)

- 藍色光，其波長450$^{n.m}$～500$^{n.m}$

- 綠色光，其波長500$^{n.m}$～550$^{n.m}$

- 黃色光，其波長550$^{n.m}$～600$^{n.m}$

- 橙色光，其波長600$^{n.m}$～650$^{n.m}$

- 紅色光，其波長650$^{n.m}$～700$^{n.m}$ (或720$^{n.m}$) 實際上紅色光波長可到800$^{n.m}$

不可見光—紅外線，其波長720$^{n.m}$～4×10^{-4}m，(米)

紅外線的波長範圍很廣，太陽放射出的輻射線中有百分之六十是紅外線。

(※)上面「n.m」叫毫微米.1 n.m =10^{-9}m(米)

每當冬天來臨，人們喜歡照太陽，因為太陽光照到人體上時會有溫暖的感覺。然而，人們常認為熱是來自讓人幾乎睜不開眼睛的陽光。這是錯誤的觀念。其實熱是來自於看不見的紅外線，(紅外線又稱為熱光線)。

但是，當夏天來臨，在上午11點至下午3時，正是艷陽高照時，這個時段，人如果在陽光下曬，皮膚會有種刺痛的感覺。這是由於帶有高能量的紫外線的緣故。如果在這個時段曬久了，皮膚細胞會病變，產生皮膚癌。這是大家都知道的常識。因此，喜愛曬成古銅色的人們，都會準備防曬油，並避免在早上11時至下午3時曬太陽。紫外線吸收，對皮膚果然不好，但吸收適量對健康確有大大的好處。

上列紫外線分「硬性」與「軟性」。因硬性紫外線($200^{n.m}$～$300^{n.m}$)的波長較短，其頻率大，能量也大。因此，對人體與植物的殺傷力強。反之，軟性紫外線($300^{n.m}$～$400^{n.m}$)的殺傷力較小。

但是，造物主也在地球表面造就了一層厚厚的大氣層。大氣層愈上愈稀薄，空氣密度漸稀少。空氣有很大的折射率。那些殺傷力強的紫外線(波長從$380^{n.m}$遞減)要進入地面前，先經大氣層給它們折射，讓它們不至於到達地面殺傷人類與植物。只有一部份波長較長而殺傷力較輕的紫外線能通過大氣層到達地面，這些紫外線正是植物進行光合作用以製造糧食的關鍵光線。還有離地面約24公里的高空有層臭氧層(O_3)也會吸收大部份紫外線中殺傷力強的硬性紫外線($200^{n.m}$～$300^{n.m}$)和一小部份$300^{n.m}$～$400^{n.m}$的軟性紫外線，使其到達地面時不致太傷害動植物。

在上列諸波長的陽光中，對生物最重要的波長應屬紫外線與綠色光。因為它們對生物維持生命非常重要，尤其巴西 亞馬遜河流域的原始雨林為最。可生產地球上的五分之一的氧氣。這麼多的氧氣就是藉著紫外線與綠色植物裡的葉綠素進行光合作用產生的。其中更包含著最美麗的生命意義。美國詩人吉爾姆於公元1913年寫了如下的詩句：「我想我永遠也看不到跟樹林一樣美的詩。」一首詩通常是由詩韻與語言的意境構成，而樹林則是由樹葉、根和樹幹組成美麗的詩。

人類所居住的地球，一切都經過上帝(神)精密設計好的。神所造的這些連續光譜中含有許多Φ與μ_3的黃金比例。

我們若仔細觀看上列的諸波長可發現紫外線與綠色光中存在著美麗的黃金比例Φ與μ_3。我們取綠色光$500^{n.m}$~$550^{n.m}$的中間$525^{n.m}$，除以Φ與μ_3（$\Phi=1.618$，$\mu_3=1.839$)如下：

$$\frac{525^{n.m}}{1.618}=324.5^{n.m}（正好在軟性紫外線區域裡）$$

$$\frac{525^{n.m}}{1.839}=285.5^{n.m}（正好在硬性紫外線區裡）$$

我們可解讀為神創造宇宙萬物是「軟硬兼施」吧！

（神創造硬體也創造軟體）

我們若以宏觀來看待黃金比例 Φ 與 μ_3。(也就是 Φ=1.6~1.7，而 μ_3=1.8~1.9)，那麼在可見光譜裡可發現有許多 Φ 與 μ_3。

$$700(紅) \div 380(紫) = 1.842 \approx \mu_3$$

$$650(橙) \div 400(紫) = 1.625 \approx \Phi$$

$$720(紅) \div 445(紫) = 1.618 = \Phi$$

$$720(紅) \div 391.5(紫) = 1.839 = \mu_3$$

作者認為彩色世界之所以美，是因為在紫外線與可見光譜裡含有許多 Φ 與 μ_3。Φ 與 μ_3 是「神的比例」。是上帝(神)創造彩色世界使用過的比例。紫外線與綠色植物之間有一個非常重要的作用叫光合作用。光合作用可說是所有生物生命的來源。是造物主創造了光合作用世上才有生物。紫外線與綠色植物間的交互作用是：當紫外線與綠色植物中的葉綠素分子碰撞時，太陽能就轉變成化學能，也就是說：樹葉從空氣中吸收二氧化碳（CO_2）和從根送來的水分藉著紫外線和葉綠素的光合作用製造成生物維持生命所需的糧食。在這個過程中同時也生產一項副產品—氧氣。氧氣（O_2）是所有動物賴以生存的重要物質。

最簡單的光合作用化學反應方程式如下：

$$6CO_2 \quad +12H_2O \quad \xrightarrow[\text{葉綠素}]{\text{紫外線}} \quad C_6H_{12}O_6 + 6O_2 + 6H_2O$$

（二氧化碳）　（水）　　　　　　　　　（葡萄糖）　（氧）　（水）

這個化學反應方程式是說植物利用陽光中的紫外線和樹葉裡的葉綠素(觸媒，Catalyst)把二氧化碳和水—這些取之不盡，用之不竭的原料(是上帝(神)賜給人類的最大禮物。)來製造生物維持生命必須的養份。這是造物主精心設計的方法。因為葉綠素是自然界唯一能吸收太陽光能再轉變成化學能的物質，也就是藉著紫外線與葉綠素進行化學反應來生產糧食。由葉綠素是自然界獨一無二的特性，更能証明它是上帝(神)精心設計的。

大約二千五百年前，先知哈巴谷從上帝(神)所得的默示：「上帝(神)的輝煌如同日光，從祂的手裏射出光線，在其中隱藏著祂的能力」—(哈三4)

從聖經上的這個經節，更証明了「光合作用」是上帝(神)特別為所有生物設計了製造糧食的獨一無二的方法。從創造天地至今，上帝(神)不曾休息過。神恩遮蓋天下，曷其有極。

（五）聖經裡也有許多Φ與 μ_3：

　1. 挪亞方舟的大小比(創六15)

　　　長300肘，寬50肘，高30肘(一肘約45公分)

　　　$\dfrac{50}{30} = \dfrac{5}{3} = 1.666\cdots = \Phi$　（請參閱費波納奇數列）

　　　(50+30)×2=160肘—方舟四圍的長度

　　　300÷160=1.875≈ μ_3(1.839)

　2. 聖殿：長60肘，寬20肘，高30肘(王上六2)

　　　(20+30)×2=100——聖殿側面的長度

　　　100÷60=1.666…=Φ

　3. 聖殿的內殿：長、寬、高都是二十肘(王上六20)

　　　內殿是一個正立方體，裡面有許多 μ_3。

　4. 所羅門王的黎巴嫩林宮：(王上七2)

　　　長100肘，寬50肘，高30肘

　　　50÷30=1.666…=Φ

　5. 祭壇(正方形)：長寬各5肘，高3肘(出三十八1)

　　　正四方形是 μ_3 的基礎，裡面有許多 μ_3

　　　長高比5÷3=1.666…=Φ

　6. 祭壇(正四方形)：長寬各一肘(出三十七25)

　　　正四方形裡有許多 μ_3

7. <u>利未人</u>在神的會幕辦事的，從30歲~50歲(人生中的黃金年齡)

　　$50 \div 30 = 1.666\cdots = \Phi$ (民四3)

8. 天上聖城的長、寬、高都是四千里(啟二十一16)

　　此聖城是正立方體，有許多 μ_3 的比例。

第四章　趣味數學

第一題：美麗的數字(Mario Chen)

　　一個線段把它分割成如下圖

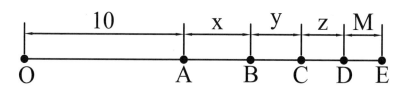

(1)　　　$OA=10=10\sqrt{1}$　$OA^2=(10\sqrt{1})^2=\underline{100}$

(2)設$(OA+AB)^2-OA^2=OA^2 \Leftrightarrow OB^2-OA^2=OA^2$

則$(10+x)^2-10^2=10^2 \Leftrightarrow x^2+20x-10^2=0$

解：$x=\dfrac{-20\pm\sqrt{20^2-4\times1\times(-100)}}{2}=4.142$

$OB=10+x=10+4.142=14.142=10\sqrt{2}$，$OB^2=(10\sqrt{2})^2=14.142^2=\underline{200}$

(3)設$(OB+BC)^2-OB^2=OA^2 \Leftrightarrow OC^2-OB^2=OA^2$

則$(14.142+y)^2-(14.142)^2=10^2 \Leftrightarrow y^2+28.284y-100=0$

解：$y=\dfrac{-28.284\pm\sqrt{28.284^2-4\times1\times(-100)}}{2}=3.1785$

$OC=OB+BC=14.142+3.1785=17.3205=10\sqrt{3}$,$OC^2=(10\sqrt{3})^2=\underline{300}$

(4)設$(OC+CD)^2-OC^2=OA^2 \Leftrightarrow OD^2-OC^2=OA^2$

則 $(17.3205+Z)^2-(17.3205)^2=10^2 \Leftrightarrow Z^2+34.641Z-100=0$

解：$Z=\dfrac{-34.641\pm\sqrt{(34.641)^2-4\times1\times(-100)}}{2}=2.6795$

$OD=OC+CD=17.3205+2.6795=20=10\sqrt{4}$, $OD^2=(10\sqrt{4})^2=\underline{400}$

(5)設$(OD+DE)^2-OD^2=OA^2 \Leftrightarrow OE^2-OD^2=OA^2$

則$(20+M)^2-20^2=10^2 \Leftrightarrow M^2+40M-100=0$

解: M= =2.360679775

$OE=OD+DE=20+2.360679775=22.360679775=10\sqrt{5}$,$OE^2=(10\sqrt{5},)^2=\underline{500}$

將以上集成「美麗的數字」。

$OA=10\sqrt{1}$ ；$OA^2=(10\sqrt{1})^2=100$

$OB=10\sqrt{2}$ ；$OB^2=(10\sqrt{2})^2=200$

$OC=10\sqrt{3}$ ；$OC^2=(10\sqrt{3})^2=300$

$OD=10\sqrt{4}$ ；$OD^2=(10\sqrt{4})^2=400$

$OE=10\sqrt{5}$ ；$OE^2=(10\sqrt{5})^2=500$

$X=(\sqrt{2}-1)\times10$

$Y=(\sqrt{3}-\sqrt{2})\times10$

$Z=(\sqrt{4}-\sqrt{3})\times10$

$M=(\sqrt{5}-\sqrt{4})\times10$

如果OA=1

$X=\sqrt{2}-1$

$Y=\sqrt{3}-\sqrt{2}$

$Z=\sqrt{4}-\sqrt{3}$

$M=\sqrt{5}-\sqrt{4}$

趣味數學　第二題

　　有一個回教徒(阿爾—卡瓦雷茲米)他把10分成兩份，其中一份乘以10，另一份自乘，其結果相等，求兩份是多少？其互除後是多少？(答案請看次頁)

第二題答案：

按題意，把10分成兩份，設其中一份為X，則另一份自乘就是$(10-X)^2$。

則， $10X=(10-X)^2 \Leftrightarrow X^2-30X+100=0$

按公式 $ax^2+bx+c=0$ 則 $x=\dfrac{-b\pm\sqrt{b^2-4ac}}{2a}$

解 $X^2-30X+100=0$

$$X=\dfrac{30\pm\sqrt{30^2-4\times1\times100}}{2}=\dfrac{30\pm\sqrt{500}}{2}=\dfrac{30\pm10\sqrt5}{2}=15\pm5\sqrt5=5(3\pm2.236)$$

故 $X=5\times5.236=26.18$(超過10)——錯

　　$X=5\times0.764=3.82$——對

　　$10-3.82=6.18$

因此，兩份分別是3.82和6.18

其互除 $\dfrac{6.18}{3.82}=1.618$ ； $\dfrac{3.82}{6.18}=0.618$

1.618是二合一的黃金比例Φ。

0.618是 $\dfrac{1}{\Phi}$ 。

趣味數學　第三題(作者：Mario Chen)

　　一個基督徒(Mario Chen)有一筆財產，只知道把它分為1加剩餘部份的自乘，除以1加剩餘部份的自乘，結果等於剩餘部份。請問剩餘部份是多少?

　　如果把以上的計算式倒過來求另一個剩餘部份，是多少?

　　再把以上兩個剩餘部份相乘，其積是多少?

　　提示：

　　請不要被「剩餘部份」迷惑，只要把兩個「1加剩餘部份的自乘」區別出來，並建立計算式，就差不多成功了一半。（答案請看次頁）

第三題答案：

設「剩餘部份」為 X，則第一個「1加剩餘部份的自乘」就是 $(1+X)^2$。第二個「1加剩餘部份的自乘」是 $1+X^2$。把這兩個式相除，變成兩個式 $\dfrac{(1+x)^2}{1+x^2}$ 和 $\dfrac{1+x^2}{(1+x)^2}$，這兩個式等於「剩餘部份」X。

也就是 $\dfrac{(1+x)^2}{1+x^2}=X$，解 X=1.839286755…

$\dfrac{1+x^2}{(1+x)^2}=X$，解 X=0.5436890127…

把上面兩個不同的 X 值相乘，其結果等於 1。諸位是否還記得第一個 X 值，1.839286755 等於 μ_3，也就是三合一的黃金比例。(請參閱第42頁)

第二個 X 值就是 $\dfrac{1}{\mu_3}$。

趣味數學　第四題

哲理數學——有得必有失，得與失相等(作者:Mario Chen)

南美洲的國家阿根廷(Agentina)有許多從中國福建移民來的中國客。他們來到阿根廷(不管是不是偷渡)有兩個目的；其一是生孩子以取得阿根廷國籍，以方便辦其父母的永久居留証。另一是開超市，打拼賺錢。至此，如果一切如所願，他們可說已擁有一個讓人羨慕的家庭，因為他們已有房子、兒子、車子、事業。應是一個非常圓滿的家庭。可是他們並不以此為滿足，他們要賺更多更快的錢。為了要開第二家、第三家….的超市，他們必需投入更多的人力和資金(有些資金是以高利貸來的)。嬰兒或孩童留在身邊變成他們的累贅，於是把嬰孩帶回中國讓嬰孩的祖父母照顧，並把還留在中國的親戚朋友辦來，以開更多的超市，結果幾年後，錢財賺到了，留在中國的孩子也長大了，在孩子生長過程；為了滿足孩子與祖父母的需求，不斷匯錢回去，盡量滿足孩子的需求；從各種玩具到現代的科技產品。等到有一天，這對夫妻覺得應該把孩子帶來接受教育。結果，孩子到阿根廷後，與父母之間已沒有親情，不聽父母話，整天遊玩，雖也上學，只是與老師與同學之間，無法溝通(西文一句也不會講)。孩子的將來變好變壞，無從預知，實在堪憂！

　　請把以上的故事，以「哲理數學」──有得必有失，得與失相等

利用幾何學的圖形來証明。(答案請閱下面與次頁)

　　第四題的答案：(Mario Chen)

　　証明：如下圖

　　任意△ABC，內切圓之半徑r，圓心o，畫一個同心圓，半徑r+x，使半徑r+x的同心圓的面積等於△ABC的面積(△ABC的底與高為已知；故$\frac{底×高}{2}=(r+x)^2\pi$，就可算出r+x是多少。因此半徑r+x的圓與△ABC分別交於D,E,F,G,H,I六點。

　　因兩個是同心圓，故DE=FG=HI，且$\overgroup{DE}=\overgroup{FG}=\overgroup{HI}$。

　　因此，三個同弦長與三個同弧長構成的三個二角形(由一弦一弧構成藍色部分)的面積都相等。突出在r+x圓外的△ABC的三個小三角形(二條直線與一條弧線構成紅色部分)ADI, BEF, CGH的面積之和與三個二角形面積之和相等。

　　$\because S_{\triangle ABC}=(r+x)^2\pi$　$\therefore$三個小三角形(紅線)的面積和=三個二角形(藍線)的面積和。

寓意：突出在r+x圓外的三個小三角形(紅線)的面積和象徵題意中原本人生非常圓滿(圓的象徵意)的開超市的中國夫婦。因貪心欲賺更多錢而開第二、第三家超市，經過幾年似乎已賺到「三個小三角形(紅色)所象徵的金錢」，但他們沒想到也失去同面積的「三個二角形(藍色)所象徵的：失去兒女的親情，與兒女將來可能變壞」所帶來的損失。

此則「有得必有失，得與失相等」的定理。

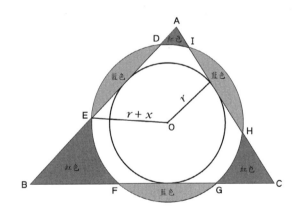

趣味數學　第五題

「九宮」幻方(Magic Square)的神秘數字。(Mario Chen發現)

「九宮」幻方的縱橫圖，據中國古代的數學書——「數術記遺」中記錄了一個三縱三橫的圖，當時稱為「九宮」，如下圖：

4	9	2
3	5	7
8	1	6

在上圖中，每一縱的數之和(4+3+8, 9+5+1, 2+7+6)與每一橫的數之和(4+9+2, 3+5+7, 8+1+6)與對角線之數之和(4+5+6, 2+5+8)都相等，且都等於15。

以下是Mario Chen發現:九宮圖不僅加數相等，乘積之和也相等。三縱的乘積(4×3×8=96, 9×5×1=45, 2×7×6=84)，三橫的乘積(4×9×2=72, 3×5×7=105, 8×1×6=48)；三縱乘積之和96+45+84=225；三橫的乘積之和72+105+48=225。三縱三橫乘積之和都等於225。

<一個新問題>(Mario Chen發現)：

在「九宮」的九個格子裡添進九個正整數，不限位數，但不能有重複數字與連續數字(如上圖之1,2,3…或11,12,13…)，且不能有同間距數(如1,4,7,10,13….其相鄰兩數之間隔均為3)的數字出現。在上列條件下，每一縱的三個數相乘積之和與每一橫三個數相乘積之和相等。

請諸位讀者先試試看，不要急著看次頁的答案。提示：這是一個有規律的數系。

「九宮」幻方的神秘數字答案：

13	144	5
8	21	55
89	3	34

三橫數乘積：

13×144×5=9360

8×21×55=9240

89×3×34=9078
　　　　　27678

三縱數乘積：

13×8×89=9256

144×21×3=9072

5×55×34=9350
<=相等=>　27678

21	233	8
13	34	89
144	5	55

三橫數乘積：

$21 \times 233 \times 8 = 39144$

$13 \times 34 \times 89 = 39338$

$144 \times 5 \times 55 = \underline{39600}$
$ 118082$

三縱數乘積：

$21 \times 13 \times 144 = 39312$

$233 \times 34 \times 5 = 39610$

$8 \times 89 \times 55 = \underline{39160}$

<=相等=> $ 118082$

34	377	13
21	55	144
233	8	89

三橫數乘積：

$34 \times 377 \times 13 = 166634$

$21 \times 55 \times 144 = 166320$

$233 \times 8 \times 89 = \underline{165896}$
$ 498850$

三縱數乘積：

$34 \times 21 \times 233 = 166362$

$377 \times 55 \times 8 = 165880$

$13 \times 144 \times 89 = \underline{166608}$

<=相等=> $ 498850$

　　以上三個「九宮」的數是取自費波納奇數列(二合一數列)，完全符合本題的要求條件。作者相信再也找不到其他有規律的數列。費波納奇數列與黃金比例Φ有密切的關係，是一個非常神秘的數列。

　　費波納奇數列(二合一數列)如下：

0,1,1,2,3,5,8,13,21,34,55,89,144,233,377,610…

把重複數與連續數除掉，可從3,5,8….開始。

趣味數學　第六題

<另一新問題>(Mario Chen發現)：

看了上題覺得<u>費波納奇</u>數列，非常奇妙。

作者另提出一個新問題：本題要求條件與上一題完全一樣。

在「九宮」圖裡添進九個正整數，不限位數，但數字不可重複，不可連續，不可同間距數。

其三個橫的數乘積之和減去三個縱的數的乘積之和等於2。

37	778	11
20	68	230
423	6	125

三個橫數乘積：　　　三個縱數乘積：

$37 \times 778 \times 11 = 316646$　　$37 \times 20 \times 423 = 313020$

$20 \times 68 \times 230 = 312800$　　$778 \times 68 \times 6 = 317424$

$\underline{423 \times 6 \times 125 = 317250}$　　$\underline{11 \times 230 \times 125 = 316250}$

　　　　　946696　　　　　　　　946694

$$946696 - 946694 = 2$$

125	2632	37
68	230	778
1431	20	423

三個橫數乘積：　　　三個縱數乘積：

$125 \times 2632 \times 37 = 12,173,000$　　$125 \times 68 \times 1431 = 12,163,500$

$68 \times 230 \times 778 = 12,167,920$　　$2632 \times 230 \times 20 = 12,107,200$

$1431 \times 20 \times 423 = \underline{12,106,260}$　　$37 \times 778 \times 423 = \underline{12,176,478}$
　　　　　　　　　$36,447,180$　　　　　　　　　　$36,447,178$

$$36,477,180 - 36,447,178 = 2$$

20	423	6
11	37	125
230	3	68

三橫數乘積：　　　三縱數乘積：

$20 \times 423 \times 6 = 50760$　　　$20 \times 11 \times 230 = 50600$

$11 \times 37 \times 125 = 50875$　　　$423 \times 37 \times 3 = 46953$

$230 \times 3 \times 68 = \underline{46920}$　　　$6 \times 125 \times 68 = \underline{51000}$

$148,555$　　　　　　　　$148,553$

$$148,555 - 148,553 = 2$$

上面「九宮」圖數列是根據「陳氏數列」(三合一數列)，如下：

1,2,3,6,11,20,37,68,125,230,423,778,1431,2632,….

上列除掉連續數1,2,可從3開始添寫許多個「九宮」格子，完全符合題目要求的三條件：不可重複，不可連續，不可同間距。且其三橫乘積數減去三縱乘積數都等於2。

由上頁三個「九宮」圖的數字，或許讀著已經猜到數列來源是有規律的三合一「陳氏數列」。這個「陳氏數

列」跟第二個黃金比例 μ_3 有密切的關係。讀者可參考前面三合一陳氏數列的詳細表格。

趣味數學　第七題：多此一舉(Mario Chen發現)

有任意兩個數加起來等於第三個數。

設第一個數為「小」，第二個數為「中」，第三個數為「大」。

則　　　　(大÷中)－(小÷中)=1

　　　　　(大÷小)－(中÷小)=1

　　　　　(中÷大)＋(小÷大)=1

實驗：　　設小=35，中=89，大=124

(大÷中)－(小÷中)= (124÷89)－(35÷89)

=1.393258-0.393258=1

(大÷小)－(中÷小)= (124÷35)－(89÷35)

=3.542857-2.542857=1

(中÷大)＋(小÷大)=(89÷124)＋(35÷124)

=0.717742+0.282258=1

証明：次頁

証明：

設兩個數為x,y，第三數為z,則x+y=z

按題意 $\dfrac{z}{y} - \dfrac{x}{y} = \dfrac{z}{x} - \dfrac{y}{x} = \dfrac{y}{z} - \dfrac{x}{z} = 1$

各項乘 xyz

$xz(z-x)=yz(z-y)=xy(y+x)=xyz$

分開 $xz(z-x)=xyz$ ∴$z-x=y$⇔大-小=中

$yz(z-y)=xyz$ ∴$z-y=x$⇔大-中=小

$xy(y+x)=xyz$ ∴$x+y=z$⇔小+中=大

此題只是把簡單變複雜，再變回簡單，「多此一舉」。

第二篇
母子三角形定理

陳英雄（Mario Chen）發現，並經中央研究院數學研究所証實的新定理

母子三角形〔題一〕

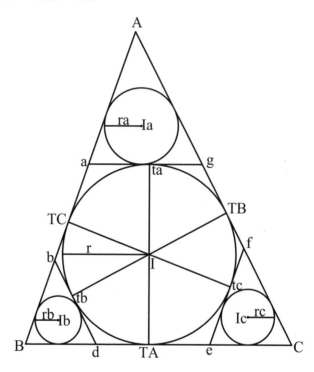

任意三角形ABC，內切圓圓心I，半徑r。繪三條同圓的切線，使切線 $\overline{ag}$ ∥ BC,bd ∥ AC,ef ∥ AB。故，形成三個相似的子三角形，與母三角形ABC相似，△ABC～△Aag～△Bbd～△Cef

其三個子三角形的半徑為r_a, r_b,r_c；t_A,t_B,t_C是 $\overline{ag}$, $\overline{bd}$, $\overline{ef}$ 與△ABC內切圓之切點；T_A,T_B,T_C是△ABC與內切圓之切點。

〔求証〕　$r = r_a + r_b + r_c$

〔証明〕　$\dfrac{ag}{BC} = \dfrac{r_a}{r}$　$\therefore r_a = \dfrac{ag}{BC} \cdot r$

$\dfrac{Bd}{BC} = \dfrac{r_b}{r}$　$\therefore r_b = \dfrac{Bd}{BC} \cdot r$

$\dfrac{Ce}{BC} = \dfrac{r_c}{r}$　$\therefore r_c = \dfrac{Ce}{BC} \cdot r$

$\therefore r_a + r_b + r_c = \dfrac{ag + Bd + Ce}{BC} \cdot r$ ————①

$t_A T_A,\ t_B T_B,\ t_C T_C$ 是內切圓的直徑　$\therefore \square at_A IT_c \cong \square et_c IT_A$　$\therefore$

$\square taIT_B g \cong \square T_A It_b d$　$\therefore \overline{t_A g} = \overline{dT_A}$．故 $\overline{ag} = \overline{de}$ ————②

②代入①　$r_a + r_b + r_c = \dfrac{ag + Bd + ec}{BC} \cdot r$，$\therefore r_a + r_b + r_c = r$　得証。

母子三角形〔題二〕

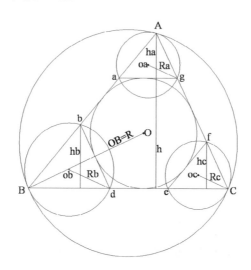

〔條件〕 (1) $\overline{ag} /\!/ \overline{BC}$, $\overline{bd} /\!/ \overline{AC}$, $\overline{ef} /\!/ \overline{AB}$

(2) $\triangle ABC \sim \triangle Aag \sim \triangle Bbd \sim \triangle Cef$

〔求証〕 (1) $R = R_a + R_b + R_c$ (2) $h_a + h_b + h_c = h$

〔証明〕 (1) $\dfrac{ag}{BC} = \dfrac{R_a}{R}$ $R_a = \dfrac{ag}{BC} \cdot R$

$\dfrac{Bd}{BC} = \dfrac{R_b}{R}$ $R_b = \dfrac{Bd}{BC} \cdot R$

$\dfrac{eC}{BC} = \dfrac{R_c}{R}$ $R_c = \dfrac{eC}{BC} \cdot R$

$R_a + R_b + R_c = \dfrac{ag + Bd + eC}{BC} \cdot R = \dfrac{de + Bd + eC}{BC} \cdot R = \dfrac{BC}{BC} \cdot R = R$

(∵ag=de,在題一已証)

∴R= R_a+R_b+R_c　　　　　　　　　　　証畢。

同理可証母三角形的三條高長度，分別與三個子三角形相對應的高長度之和

亦即　h_a+h_b+h_c=h

母子三角形〔題三〕

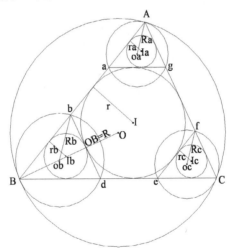

(1)由相似三角形得知$\dfrac{r_a}{R_a}=\dfrac{r_b}{R_b}=\dfrac{r_c}{R_c}=\dfrac{r}{R}$

每一項平方再乘π：$\dfrac{r_a^2\pi}{R_a^2\pi}=\dfrac{r_b^2\pi}{R_b^2\pi}=\dfrac{r_c^2\pi}{R_c^2\pi}=\dfrac{r^2\pi}{R^2\pi}$

意為，每個三角形的內切圓面積與外接圓面積之比相等。

(2)由$r_a+r_b+r_c=r$，兩邊除以r，得$\dfrac{r_a}{r}+\dfrac{r_b}{r}+\dfrac{r_c}{r}=\dfrac{r}{r}=1$

$R_a+R_b+R_c=R$，兩邊除以R，得$\dfrac{R_a}{R}+\dfrac{R_b}{R}+\dfrac{R_c}{R}=\dfrac{R}{R}=1$

(3)由$r_a+r_b+r_c=r$　兩邊乘以2π，得$2\pi r_a+2\pi r_b+2\pi r_c=2\pi r$

意：三個子三角形的內切圓圓周長之和，等於母三角形的內切圓之圓周長。

由$R_a+R_b+R_c=R$　兩邊乘以2π，得$2\pi R_a+2\pi R_b+2\pi R_c=2\pi R$

意：三個子三角形的外接圓圓周長之和等於母三角形外接圓之圓周長。

由〔題一〕〔題二〕〔題三〕，還有更多的同類線長相等關係。因此，可以肯定地說：「母子三角形的三個子三角形的同類線長之和等於母三角形的同類線長。」——可以成為「母子三角形」的定理之一。

　　母子三角形〔題四〕旋轉180°對稱的兩個全等三角形。

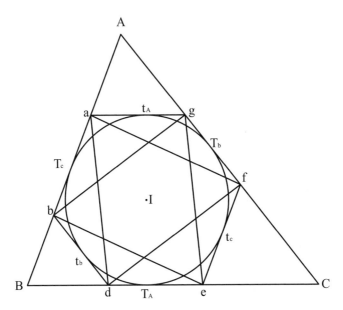

　　上圖是母子三角形中，由一個圓 I 和三對平行切線組成。由於其中的平行切線在對 I 旋轉180°時，會彼此交換，所以整個圖形(指六邊形abdefg)是對 I 旋轉180°對稱。因此在旋轉時$t_A \rightarrow T_A$，$T_A \rightarrow t_A$；$g \rightarrow d$，$d \rightarrow g \cdots$

　　因此有下列兩個關係：

　　∵ ag#de，ab#ef，bd#fg

　　∴ ad#ge，af#be，bg#df　∴ $\triangle adf \cong \triangle beg$

母子三角形〔題五〕Y, X, Z三點共線

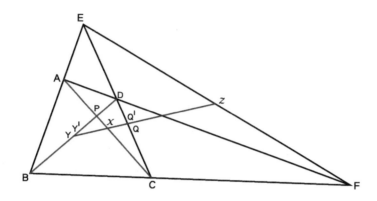

四邊形ABCD的一組對邊BA,CD的延長線交於E，另一組對邊AD,BC的延長線交於F，對角線AC,BD以及線段EF的中點分別是X,Y,Z。則X,Y,Z三點共線。這條線稱為四邊形ABCD的牛頓線。

解：

1. 連結X,Z交線段DC於Q；線段ZQX延長交DB於Y'。

則 $\dfrac{CQ}{QD} \cdot \dfrac{DY'}{Y'P} \cdot \dfrac{PX}{XC} = 1$ ————①

2. 連結Y,X，並延長交線段CD於Q'

則 $\dfrac{CQ'}{Q'D} \cdot \dfrac{DY}{YP} \cdot \dfrac{PX}{XC} = 1$ ————②

①÷②得 $\dfrac{CQ}{QD} \cdot \dfrac{YP}{DY} = \dfrac{CQ'}{Q'D} \cdot \dfrac{Y'P}{DY'}$

由上式，只有 $\dfrac{CQ}{QD} = \dfrac{CQ'}{Q'D}$，$\dfrac{YP}{DY} = \dfrac{Y'P}{DY'}$才能成立。

因此，只有Q與Q'重合，Y與Y'重合，才能成立。

故 X,Y,Z三點共線。

母子三角形──兩類完全四邊形

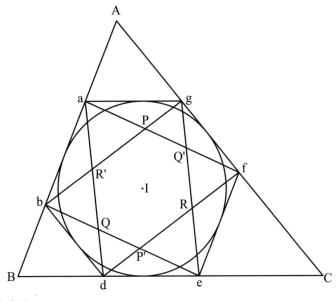

圖甲

第一類完全四邊形：(圖甲)共有三個完全四邊形。

Aapgfb , BbQdae , CeRfgd。

(圖甲)將在以後的題目中，當作基礎圖形。

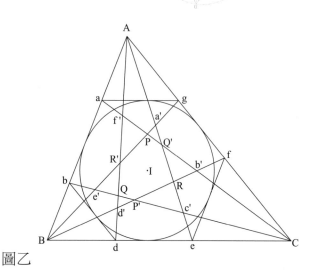

圖乙

（圖乙）也在以後的題目中當作基礎圖形，它包含十二個完全四邊形：AaPgBC，Abp'fBC，BbQdCA，BaQ'eCA，CeRfAB，CdR'gAB，Afb'aBC，Baf'dCA，Cdd'fAB，Age'bBC，Bec'bAC，Cga'eBA。——把它歸為第二類完全四邊形。

母子三角形〔題六〕

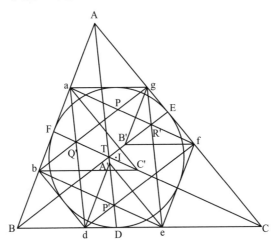

$\overline{ATD}$ 經過P'點，$\overline{BTE}$ 經過R'點，$\overline{CTF}$ 經過Q'點

(圖甲)為基礎：

以母子三角形ABC和以 I 為中心旋轉180°對稱的的兩個全等三角形 ($\triangle adf \cong \triangle beg$) 為基礎(題四)，則$\overline{ag}$ #$\overline{de}$，$\overline{ab}$ #$\overline{ef}$，$\overline{bd}$ #$\overline{fg}$。連結A,B,C三頂點與對邊和內切圓相切的切點D,E,F。則$\overline{AD},\overline{BE},\overline{CF}$ 三線交於點T，就是Gergonne點。

〔求証〕 $\overline{ATD}$ 經過P'點，$\overline{BTE}$ 經過R'點，$\overline{CTF}$ 經過Q'點。

〔証明〕 $\triangle Aag$向$\overline{BC}$平移，則$\triangle Aag \rightarrow \triangle A'de$

$\triangle Bbd$向$\overline{AC}$平移，則$\triangle Bbd \rightarrow \triangle B'fg$

△Cfe 向 $\overline{AB}$ 平移，則△Cfe→△C'ab

連結A,A' ; B,B' ; C,C'

則 $\overline{ad}$ ∥ $\overline{AA'}$ ∥ $\overline{ge}$; $\overline{bg}$ ∥ $\overline{BB'}$ ∥ $\overline{df}$; $\overline{af}$ ∥ $\overline{CC'}$ ∥ $\overline{be}$

因此，△BTC~△dP'e ,△ABC~△A'de ; 故，A,T,A',P',D成一直線。

P'是△A'de的Gergonne點。

△ATC~△gR'f , △ABC~△B'fg，故，B,T,B',R',E成一直線。

R'也是△B'fg的Gergonne點。

△ATB~△aQ'b , △ABC~△C'ab，∴C,C',T,Q',F成一直線。

Q'是△C'ab的Gergonne點。

故，$\overline{ATD}$ 經過P'點，$\overline{BTE}$ 經過R'點，$\overline{CTF}$ 經過Q'點。証畢。

母子三角形〔題七〕— $\overline{APD},\overline{BQE},\overline{CRF}$ 交於一點ㅇ

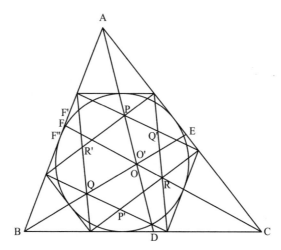

以母子三角形及兩個全等三角形(第121頁圖甲)為基礎，兩個全等三角形有六個交點：P,Q,R；P',Q',R'。連結A,P兩點，延長交 $\overline{BC}$ 於D；連結B,Q兩點，延長交$\overline{AC}$ 於E；連結C,R兩點，延長交$\overline{AB}$ 於F。

則，三線 $\overline{APD},\overline{BQE},\overline{CRF}$ 交於一點O。

〔假設〕 三角形ABC的三邊BC,CA,AB上分別取點D,E,F。

$$\frac{\overline{AF}}{\overline{FB}} \cdot \frac{\overline{BD}}{\overline{DC}} \cdot \frac{\overline{CE}}{\overline{EA}}=1$$

〔求証〕 三條直線$\overline{APD},\overline{BQE},\overline{CRF}$交於一點O

〔証明〕 使$\overline{APD},\overline{BQE}$的交點為O；連結C,O並延長交$\overline{AB}$ 於F'

按Ceva's Law可知$\dfrac{\overline{AF'}}{\overline{F'B}} \cdot \dfrac{\overline{BD}}{\overline{DC}} \cdot \dfrac{\overline{CE}}{\overline{EA}}=1$；再連結C,R經O' 至$\overline{AB}$ 邊上F"

同樣，由Ceva's Law可知$\dfrac{\overline{AF''}}{\overline{F''B}} \cdot \dfrac{\overline{BD}}{\overline{DC}} \cdot \dfrac{\overline{CE}}{\overline{EA}}=1$

但在〔假設〕中，已使$\dfrac{\overline{AF}}{\overline{FB}} \cdot \dfrac{\overline{BD}}{\overline{DC}} \cdot \dfrac{\overline{CE}}{\overline{EA}}=1$

三式比較，可得$\dfrac{\overline{AF'}}{\overline{F'B}} = \dfrac{\overline{AF''}}{\overline{F''B}} = \dfrac{\overline{AF}}{\overline{FB}}$

因此，可知F' , F"與F三點重疊

既然F' , F",F三點重疊，O'與O也重疊。

因此，三條直線$\overline{APD}$,$\overline{BQE}$,$\overline{CRF}$ 交於一點O，証畢。

母子三角形〔題八〕T, G, S三點共線

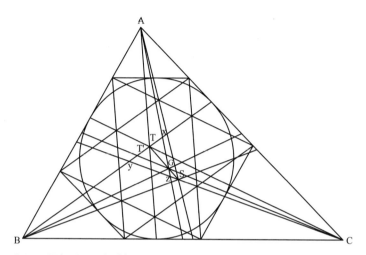

以〔圖甲〕和第123頁的T點與第125頁的O點(在本題以S代替O，以區別外心O)為基礎。本題圖上多加△ABC的重心G的三條中線。取X,Y,Z三點，並連結使成△XYZ。可知T點在$\overline{XY}$上，G點$\overline{XZ}$上。延長$\overline{YZ}$至S點。

〔求証〕T,G,S三點共線

〔假設〕T,G,S在一直線上，則根據Menelaus Law可知

$$\frac{XT}{TY} \cdot \frac{YS}{SZ} \cdot \frac{ZG}{GX} = 1$$

〔証明〕連結S,G兩點，延長至$\overline{XY}$交於T'點。

則，根據Menelaus Law，可得$\dfrac{XT'}{T'Y} \cdot \dfrac{YS}{SZ} \cdot \dfrac{ZG}{GX} = 1$

與〔假設〕的式比較，可知 $\dfrac{XT}{TY} = \dfrac{XT'}{T'Y}$

這表示T與T'兩點重合。可証T,G,S三點共線。証畢。

母子三角形〔題九-1〕$\overline{APD}$ 是中線

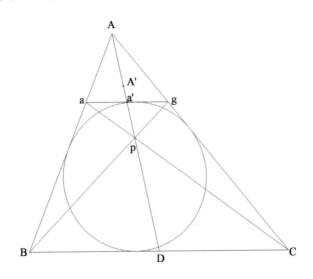

上圖取自第122頁「圖乙」的十二個完全四邊形中的一個完全四邊形AapgBC。

在△ABC的 $\overline{BC}$ 一邊取中點D，連結A,D二點，$\overline{AD}$ 就是△ABC的中線之一。

而Newton line是一個四邊形Aapg，將對邊 $\overline{Ag}$，ap延長交於C點，另一對邊 $\overline{Aa}$，gP延長交於B點。連結四邊形Aapg的對角線 $\overline{AP}$，ag取其中點A'和a'，$\overline{A'a'D}$ 就是Newton line(請參考題五)。

〔求証〕 $\overline{AP}$延長至D是中線，與Newton lineA'a'D重合

〔証明〕已知$\overline{ag}$ ∥ $\overline{BC}$, △ABC~△Aag。已令D是$\overline{BC}$的中點，故$\overline{AD}$是△ABC的中線之一。且a'是$\overline{ag}$的中點，故可知$\overline{Aa'D}$是△ABC的中線。

請看△agP與△BPC：$\because \overline{ag}$ ∥ $\overline{BC} \therefore \angle agP = \angle PBC$, $\angle gap = \angle PCB$,

$\angle apg = \angle BPC$, $\therefore$△apg~△BPC(a,a,a)

故a',p,D三點共線，也就是A,a',P,D四點共線。

但A'是$\overline{AP}$的中點。故A,A',a' ,P,D五點共線。

也就是△ABC的中線$\overline{AD}$與Newton線$\overline{A'a'D}$重合。

故，$\overline{AP}$延長線至D是△ABC的中線之一。

母子三角形〔題九-2〕$\overline{AP}$, $\overline{BQ}$, $\overline{CR}$ 的延線交於G

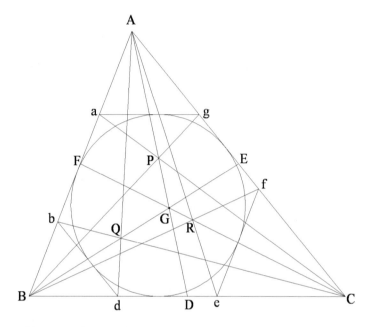

第122頁的圖乙為基礎：

由第127頁的圖已証明完全四邊形AgpaBC可連結A,p兩點延長至$\overline{BC}$的中點D，則$\overline{APD}$是△ABC的中線之一。

同理可証完全四邊形BbQdCA和CeRfAB，可連結B,Q至E和C,R至F，則$\overline{BQE}$和$\overline{CRF}$也是△ABC的中線。三線的交點G就是△ABC的重心。

母子三角形〔題十〕$\overline{AP'D}, \overline{BQ'E}, \overline{CR'F}$ 三線交於一點S

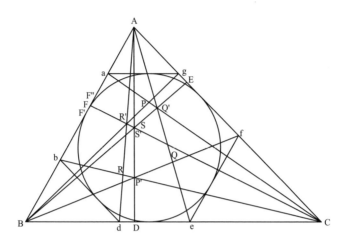

以第122頁圖乙為基礎：連結△ABC的三個頂點與三個完全四邊形(AfP'bBC,CgR'dBA,BaQ'eCA)的P',Q',R'，延長交三邊於D,E,F；則$\overline{AP'D},\overline{BQ'E},\overline{CR'F}$三線交於一點S。

〔假設〕△ABC的三邊BC,CA,AB上分別取點D,E,F，

使$\dfrac{AF}{FB} \cdot \dfrac{BD}{DC} \cdot \dfrac{CE}{EA} = 1$

〔求証〕$\overline{AP'D},\overline{BQ'E},\overline{CR'F}$ 三線交於一點S

〔証明〕與〔題七〕的証明幾乎完全一樣。

使$\overline{AP'D},\overline{BQ'E}$的交點為S，連結C,S並延長交$\overline{AB}$於F'

按Ceva's Law可得$\dfrac{AF'}{F'B} \cdot \dfrac{BD}{DC} \cdot \dfrac{CE}{EA} = 1$

再連結C,R'經S'至$\overline{AB}$上的F"

同樣，由Ceva's Law得$\dfrac{AF"}{F"B} \cdot \dfrac{BD}{DC} \cdot \dfrac{CE}{EA} = 1$

在〔假設〕中，已使$\dfrac{AF}{FB} \cdot \dfrac{BD}{DC} \cdot \dfrac{CE}{EA} = 1$

以上三式比較，可知$\dfrac{AF}{FB} = \dfrac{AF'}{F'B} = \dfrac{AF"}{F"B}$

這個關係意味著三者的比例相等。故F,F',F"三點重合。

既然F,F',F"三點重合，S與S'也重合。

因此，可証$\overline{AP'D},\overline{BQ'E},\overline{CR'F}$三線共點於S。

母子三角形〔題十一〕S, T, G三點共線

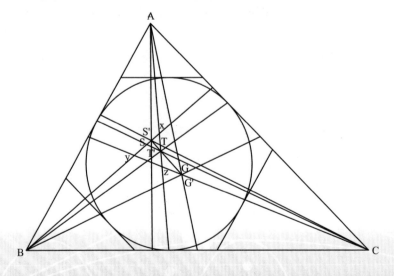

以第121頁圖甲為基礎証明出的〔題六〕Gergonne點T，和以圖乙為基礎導出的〔題九〕$\overline{AP}, \overline{BQ}, \overline{CR}$ 的延線交於G(重心)，和同樣以圖乙為基礎導出的〔題十〕$\overline{AP'}, \overline{BQ'}, \overline{CR'}$ 三線交於S。將S,T,G畫於上圖。則S,T,G三點共線。

〔假設〕在上圖取X,Y,Z三點，使成△XYZ。可知S點在 $\overline{XY}$ 上，T點在$\overline{ZX}$上，在$\overline{YZ}$的延長線上取點G'，使 $\dfrac{XS}{SY} \cdot \dfrac{YG'}{G'Z} \cdot \dfrac{ZT}{TX} = 1$，那麼，S,T, G'在一直線上。

〔求証〕S,T,G三點共線。

〔証明〕連結G,T二點，延長至$\overline{XY}$交叉於S'點。

則，根據Menelaus Law，可得$\dfrac{XS'}{S'Y} \cdot \dfrac{YG}{GZ} \cdot \dfrac{ZT}{TX} = 1$

與〔假設〕的式比較，可知$\dfrac{XS}{SY} \cdot \dfrac{YG'}{G'Z} = \dfrac{XS'}{S'Y} \cdot \dfrac{YG}{GZ}$

在上式中，如果$\dfrac{XS}{SY} = \dfrac{XS'}{S'Y}$ —①

則$\dfrac{YG'}{G'Z} = \dfrac{YG}{GZ}$ —②

如果①式要相等，除非S與S'相等，也就是S與S'要重合。

如果S與S'重合，則②式G與G'亦重合。

也就是S,T,G三點共線。

母子三角形〔題十二〕△a′c′e′ ≅ △b′d′f′

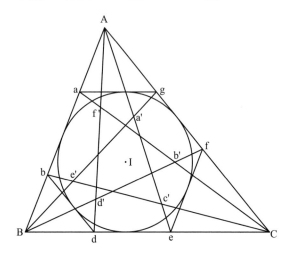

上圖與第122頁圖乙完全一樣，兩個全等三角形的六個頂點(a',c',e';d',f',b')是取自六個第二類完全四邊形(Cga'eBA,Afb'aBC,Bec'bAC,Cfd'dBA,Age'bBC,Baf'dCA)的同類點。

△a'c'e'旋轉一個角度，a'→d',c'→f,e'→b'成為△b'd'f'

這是同為母子三角形的特性，由三對相等且平行的線段外切於圓Ⅰ。

ag#de , ab#ef , bd#fg

因此，△a'c'e'轉一個角度成為△d'f'b'，兩個三角形仍然全等。

旋轉的角度隨三角形ABC的形狀而異。但，△a'c'e ≅ △b'd'f'。

母子三角形〔題十三〕 $\angle \alpha_2 = \angle \beta_2 = \angle \gamma_2$

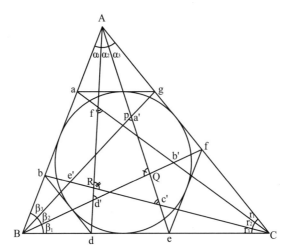

上圖是以第122頁圖乙為本，將△ABC的三個頂角分為 α_1, α_2, α_3；β_1, β_2, β_3；γ_1, γ_2, γ_3。則，$\angle \alpha_2 = \angle \beta_2 = \angle \gamma_2$

〔已知〕△a'c'e' ≅ △b'd'f ' (題十二)已証

〔解〕請看△AQd'和△BQ a'

∵ ∠e'a'c'=∠b'd'f ' ; ∠a'Qd' 共角　∴ $\angle \alpha_2 = \angle \beta_2$

請再看△AR c'和△CRf '

∵ ∠e' c' a ' =∠b'f ' d ' ; ∠c'R f ' 共角

∴ $\angle \alpha_2 = \angle \gamma_2$

因此，$\angle \alpha_2 = \angle \beta_2 = \angle \gamma_2$

母子三角形〔題十四〕

1. $\alpha_1 + \beta_1 + \gamma_1 = \alpha_3 + \beta_3 + \gamma_3$　2. Ce+Ag+Bb=Bd+Cf+Aa

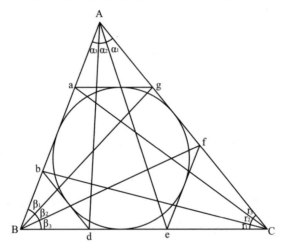

上圖是以第122頁圖乙為本，將△ABC的三個頂角分為 $\alpha_1, \alpha_2, \alpha_3$；$\beta_1, \beta_2, \beta_3$；$\gamma_1, \gamma_2, \gamma_3$。則

1. $\alpha_1 + \beta_1 + \gamma_1 = \alpha_3 + \beta_3 + \gamma_3$　2. Ce+Ag+Bb=Bd+Cf+Aa

〔解〕下文"r"表示比值。

令 $r\alpha_1 = \dfrac{Ce}{BC}$；$r\beta_1 = \dfrac{Ag}{AC}$；$r\gamma_1 = \dfrac{Bb}{AB}$；

令 $r\alpha_3 = \dfrac{Bd}{BC}$；$r\beta_3 = \dfrac{Cf}{AC}$；$r\gamma_3 = \dfrac{Aa}{AB}$；

則，$r\alpha_1 + r\beta_1 + r\gamma_1 = \dfrac{Ce}{BC} + \dfrac{Ag}{AC} + \dfrac{Bb}{AB} = 1$————(1)

$$r\alpha_3 + r\beta_3 + r\gamma_3 = \frac{Bd}{BC} + \frac{Cf}{AC} + \frac{Aa}{AB} = 1 \text{————(2)}$$

由(1)(2)知，$r\alpha_1 + r\beta_1 + r\gamma_1 = r\alpha_3 + r\beta_3 + r\gamma_3 = 1$

$\therefore \alpha_1 + \beta_1 + \gamma_1 = \alpha_3 + \beta_3 + \gamma_3$

又由(1)(2)知，$\dfrac{Ce}{BC} + \dfrac{Ag}{AC} + \dfrac{Bb}{AB} = \dfrac{Bd}{BC} + \dfrac{Cf}{AC} + \dfrac{Aa}{AB} = 1$

由上式AB+BC+AC=定值，故Ce+Ag+Bb=Bd+Cf+Aa

廣義「母子三角形定理」（一）

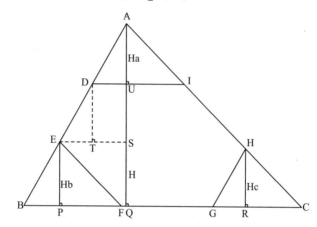

任意三角形ABC，任意一邊分成任意三個線段：$\overline{AD}$,$\overline{DE}$,$\overline{EB}$。畫$\overline{DI}$ ∥ $\overline{BC}$, $\overline{EF}$ ∥ $\overline{AC}$，再畫

$\overline{DE}$ #$\overline{HG}$。則△ABC~△ADI~△BEF~△CGH。畫四個相似三角形的高：$\overline{AQ}$=H , $\overline{AU}$=H_a , $\overline{EP}$ =H_b , $\overline{HR}$ =H_c。

則 H= H_a+H_b+H_c

〔解〕畫$\overline{ES}$ ⊥$\overline{AQ}$，$\overline{DT}$ ⊥$\overline{ES}$

二個直角三角形HGR與DET中；$\overline{DE}$ #$\overline{HG}$ (題意)，

∠EDT=∠GHR，

∠DET=∠HGR， ∴△DET ≅ △HGR(a,s,a)

∴$\overline{DT}$ =$\overline{US}$ =$\overline{HR}$ =Hc

再$\overline{EP}$ =$\overline{SQ}$ =Hb

∴H=AQ=AU+US+SQ=Ha+Hb+Hc 証畢

設四個相似三角形(一母加三子)，如題意。

其同類線長分別為$L, \ell_1, \ell_2, \ell_3$

則$L = \ell_1 + \ell_2 + \ell_3$

上式在母子三角形定理中已証。

廣義「母子三角形定理」(二)

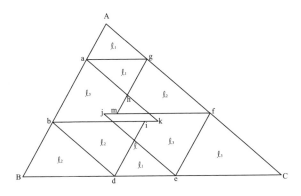

上圖畫法與論証：

任意三角形ABC的任意一邊，例如取AB邊，任意分成三個線段Aa,ab,bB。

畫ag‖BC, bk‖BC，ak‖AC，bd‖AC,ab#ef,形成三個相似三角形與AB同底。

則，$\triangle ABC \sim \triangle Aag \sim \triangle abk \sim \triangle bBd$————①

畫ℓd‖AB，ℓe‖AC,形成三個與$\triangle ABC$相似的三角形，與BC同底。

則，△ABC～△bBd ～△lde ～△feC————②

畫gm∥AB，mf∥BC，形成三個與△ABC相似的三角形，與AC同底。

則，△ABC～△Aag～△gmf～△feC————③

畫ah∥AC，hg∥AB，形成△ahg與△ABC相似。(△Aag≅△ahg)～△ABC

bi∥BC，id∥AB，形成△bdi與△ABC相似。(△bdi≅△bBd)～△ABC

jf∥BC，je∥AC，形成△jef與△ABC相似。(△jef≅△feC)～△ABC

則，△ABC～△ahg～△bdi ～△jef————④

把①②③④相同的只留一個，則

△ABC～△Aag～△abk～△bBd～△lde～△feC～△gmf～△ahg～△bdi～△jef

上式共有十個相似三角形。其中一個母三角形ABC，與九個子三角形都相似。

九個子三角形可分三組全等三角形

△Aag≅△ahg≅△lde，設其同類線長為 ℓ_1

△bBd≅△bdi≅△gmf，設其同類線長為 ℓ_2

△feC ≅　△jef ≅ △abk，設其同類線長為 ℓ_3

則如上圖△ABC中有三個 ℓ_1，三個 ℓ_2，三個 ℓ_3

與△ABC的同類線長為L，有L= $\ell_1 + \ell_2 + \ell_3$ 與母子三角形定理全同。

廣義母子三角形定理的延伸定理——廣義母子三角形定理(三)

由廣義母子三角形定理(二)和〈題九〉已知廣義母子三角形 $\ell_1 + \ell_2 + \ell_3$=L，以及AP,BQ,CR的交點G是△ABC的重心

已知母子三角形的條件（請看142頁的圖）

(1)△ABC~△Aag~△bBd~△feC　　(2)ag#de, ab#ef, bd#fg

畫gp#Aa, ap#Ag; bQ#Bd, Qd#bB; fR#eC, fC#Re

形成三個平行四邊形Aapg, bBdQ, fCeR,

連結對角線AP, BQ, CR交於一點G(重心)

解：平行四邊形的兩條對角線互為平分。故AP平分ag，但因ag∥BC，

∴AP的延線與BC的交點D平分BC。

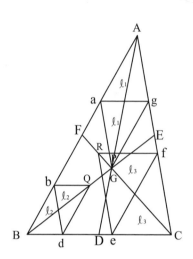

同理BQ的延線與AC的交點E平分AC。CR的延長線與AB的交點F平分AB，這三條線AD,BE,CF是 ABC的中線，其交點G就是重心。

廣義母子三角形定理的延伸定理──廣義母子三角形定理(四)

母子三角形是一個特殊的相似三角形，其所構成的平行六邊形也是特殊的平行六邊形構成母子三角形的兩個必要條件：(圖A)

1.△ABC~△Aag~△Bbd~△cef

2.Ag#de,ab#ef,bd#fg

因此，平行六邊形abdefg的對應點連線ae,bf,dg必交於一點o。o點是平行六邊形abdefg的對稱中心。故通過o點

與平行六邊形相交的任意直線必然會將其分隔成兩個完全相同且對稱的圖形。例如(圖A)中的ae線,將平行六邊形分隔成兩個完全相同且對稱的四邊形。這是因為平行六邊形是根據母子三角形的條件畫出來的。

(圖B) ABC與(圖A)△ABC完全相同,只是沒有完全符合母子三角形的條件。雖然ag∥de,ab∥ef,bd∥fg,且△ABC~△Aag~△Bbd~△Cef,但是

ag≠de,ab≠ef,bd≠fg。雖然與(圖A)一樣可構成一個平行六邊形,但其對應點連線ae,bf,dg不能交於一點。故(圖B)沒有對稱全等關係。

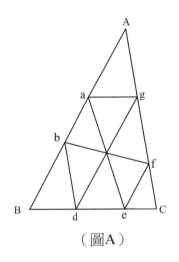

（圖A）

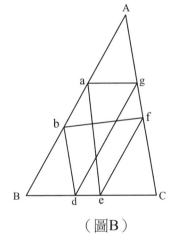

（圖B）

「廣義母子三角形定理」的延伸定理(五)

〔定理五〕任意三角形ＡＢＣ與三個小三角形Aag,Bdb,Cfe使符合母子三角形定理的條件：(下圖)

1. △ABC~△Aag~△Bdb~△Cfe

2. ab#ef,bd#fg,de#ag

把三角形ＡＢＣ的ＡＢ邊任意分成三線段Ａa,ab,bＢ，使ag∥BC,bd∥AC,ab#ef。則形成△ABC~△Aag~△Bdb~△Cfe，且ab#ef,bd#fg,de#ag完全符合母子三角形定理的條件。

畫ag,bd,ef為邊的正三角形agp,bdQ,efR則PQR為正三角形。

再畫ab,de,fg為邊的正三角形abT,deU,fgS則STU為正三角形。

且正△PQR ≅ 正△STU，兩個正三角形是旋轉180°對稱。

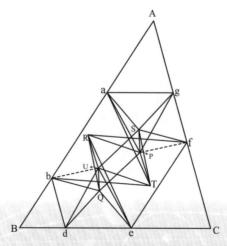

証明：

因ag#de ∴正△agp ≅ 正△edU，∴ap#eu,gp#du

因bd#fg ∴正△bdQ ≅ 正△fgS，∴bQ#fs,dQ#gs

因ab#ef ∴正△abT ≅ 正△efR，∴aT#eR,bT#fR

連結S,P和U,Q，因∠sgp=∠Qdu(因gp#du,gs#dQ)

∴△gsp ≅ △dQU ∴sp#UQ ∴su#PQ————①

連結P,T和R,U形成△paT和△UeR

∵aT#eR,ap#eU ∴∠paT=∠UeR

∴△paT ≅ △UeR ∴PT#RU ∴PR#TU————②

連結a,s和e,Q ∵ag#de,gs#dQ 又因∠ags=∠edQ

∴△ags ≅ △edQ ∴as#eQ， ∵∠STa=∠QRe,且aT#eR

∴△SaT ≅ △QeR   ∴ST#RQ————③

由①②③知△STU ≅ △PQR

「廣義母子三角形定理」的延伸定理(六)

〔定理六〕正三角形ABC，任意分割成三個小正三角形Aag,Bdb,Cfe(下圖)。但，必須與「母子三角形定理」的條件相符。

條件：1. △ABC~△Aag~△Bdb~△Cfe

　　　2. ag#de,ab#ef,bd#fg

形成一個對應邊平行且相等的六邊形abdefg，從六邊的各邊畫正三角形agp,bdQ,efR，連結頂點P,Q,R，形成正三角形PQR。

再畫正三角形abT,deU,fgS，連結頂點S,T,U，形成正三角形STU。

則，正△PQR ≅ 正△STU;兩個正三角形是旋轉180° 對稱。

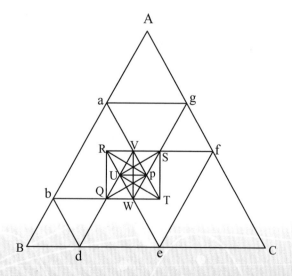

解：從〔定理五〕的①②③已知

SU#PQ,PR#TU,ST#RQ

故　△STU ≅ △PQR,

因

△ABC是正三角形，故依母子三角形的條件畫出的三角形都是正三角形；

故正 △Aag ≅ 正△agp ≅ 正△deU

正 △Bbd ≅ 正△bdQ ≅ 正△fgS

正 △Cef ≅ 正△feR ≅ 正△abT

∴.SR#TQ，VQ#SW，RW#VT

形成六個全等正三角形

VSP,PVU,URV,UQW,WUP,PWT。

因SP=UP=TP，故可知△STU是正三角形。

P點是其內心、外心、垂心、重心。

同理，因UP=UQ=UR，故△PQR是正三角形

U點是其內心、外心、垂心、重心。

∴.正△STU ≅ 正△PQR

兩個正三角形STU和PQR是旋轉180°對稱。

「廣義母子三角形定理」的延伸定理（七）

〔定理七〕任意三角形ＡＢＣ為母三角形，邊AB,BC,CA各三等分，畫三個子三角形Aag,Bbd,Cef，使它們符合「母子三角形定理」的兩個必要條件：

1. △ABC~△Aag~△Bbd~△Cef

2. ag#de, ab#ef, bd#fg

形成一個平行六邊形abdefg。從每一邊為底畫六個等邊三角形agp,bdQ,efR;fgs,abT,deU。連結頂點P,Q,R和S,T,U則形成兩個全等的等邊三角形。即等邊△PQR ≅ 等邊△STU。且兩個等邊三角形是旋轉180°對稱。形成六角星的「大衛之星」(以色列國旗)，如下圖：

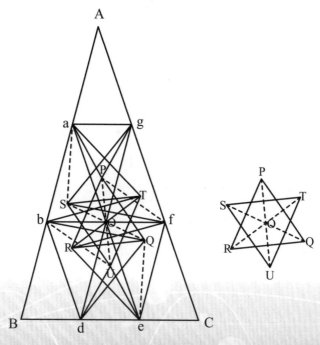

解：按題意知△Aag ≅ △Bbd ≅ △Cef

　　　Aa=ab=bB;Bd=de=ec;Cf=fg=gA

連結a,e;b,f;d,g,可知 $\dfrac{ab}{bB}=\dfrac{Bd}{de}=\dfrac{gf}{fC}=1$

因ae,bf,dg交於一點o。∴ao=oe,bo=of,do=og(參考142,143頁)

∴正△agp ≅ 正△deu, 正△abT ≅ 正△efR, 正△bdQ ≅ 正△fgS,

∴ag=gp=de=du;gs=gf=bd=dQ

∵ ∠agf=∠bde ∴ ∠ags=∠fgp=∠bdu=∠edQ

∴ △ags ≅ △fgp ≅ △bdu ≅ △deQ(s,a,s)

∴as=fp=bu=eQ,其中as//eQ,fp//bU

因ao=oe,as#eQ, ∴ ∠sao=∠Qeo

∴ △aso ≅ △eQo ∴ so=oQ ∴ S,O,Q三點共線

同理△gpo ≅ △dUo ∴ po=ou ∴ P,O,U三點共線

且因sp#uQ(參閱定理五),PQ#su, 故線soQ=線pou

△Reo與△Tao,已知ao=oe且aoe是一直線，aT#eR

∴ ∠Tao=∠Reo

∴ △Reo ≅ △Tao ∴ RO=OT ∴ R,O,T三點共線

已知ST#RQ　∴SR=TQ　∴線SOQ=線ROT　∴線SOQ=線POU=線ROT

∴PO=SO=RO=UO=QO=TO　∴正△PQR ≅ 正△STU

是由兩個全等正三角形STU與PQR轉180°對稱

形成六角星的「大衛之星」(以色列國旗)。

〔另一個解法〕：

已知SO=OQ,RO=OT,SR=TQ　∴△SRO ≅ △TQO

RO=OT,PO=OU,PT=RU　∴△PTO ≅ △RUO

PO=OU,SO=OQ,SP=UQ　∴△SPO ≅ △QUO

∴△POT ≅ △TOQ ≅ △QOU ≅ △UOR ≅ △ROS ≅ △SOP

以上六個全等三角形的內角之和是360°

故每個內角都是60°，故以上六個三角形都是正三角形

故　SP=PT=TQ=QU=UR=RS

故　SPTQUR是等邊正六邊形

故　△STU與△PQR都是正三角形

形成六角星的「大衛之星」以色列國旗。

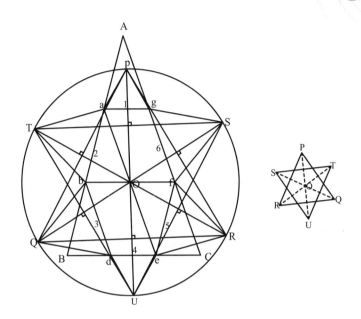

「廣義母子三角形定理」的延伸定理(八)

〔定理八〕任意三角形ABC，三邊AB,BC,CA各三等分，依母子三角形定理的兩個條件畫出三個子三角形Aag,Bbd,Cef,則

1. △ABC∼△Aag∼△Bbd∼△Cef

2. Ag#de,ab#ef,bd#fg

形成平行六邊形abdefg，其六個邊分別以1,2,3,4,5,6表示之。以1,3,5邊為底向外畫等邊三角形agp,bdQ,efR連結P,Q,R三點，形成等邊三角形PQR，另以2,4,6邊為底向外畫等邊三角形abT,deU,fgS連結T,U,S三點形成等邊三角形TUS。

　　兩個等邊三角形PQR與TUS是轉180°對稱且全等。形成「大衛之星」的六角星以色列國旗(請看定理七的圖)。

　　連結P,U;T,R;Q,S三線交於一點o;o點是對稱中心，和ae,bf,dg的交點相同，等於六線共點。此o點與六角星的六個頂點同距離，也就是以o為圓心與六角星的任一頂點為半徑畫圓，必通過P,Q,R,S,T,U六個點。這個特性正是第三篇中垂線三角形裡「終極必正定理」的反定理。其中PU⊥TS(QR),TR⊥PQ(SU),QS⊥TU(PR)(請參閱第三篇)

　　〔雜題一〕兩個等邊三角形ABC與DEF擁有一個共同內切圓o，構成一個六邊形abdefg。連結a,e;b,f;d,g六點，則三條線ae,bf,dg交於圓心o，其六個切點分別為

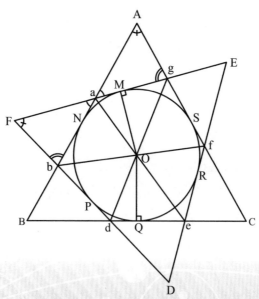

P,Q,R,S,M,N。六邊形的六個內角，每間隔一個都相等，

即，∠abd=∠def=∠fga; ∠bde=∠efg=∠gab

且其六個邊長都相等，即ab=bd=de=ef=fg=ga

解：△Aag與△Fab中　∠A=∠F=60°

∠Aag=∠Fab　∴ ∠Aga=∠Fba　∴ ∠fga=∠abd

因圓外一點與圓的兩條切線長相等。

故　gM=bN,aM=aN　∴ag=ab

同理可証其他的邊長也都相等。

即六邊形abdefg是等邊六邊形。

∵ ∠Aga=∠Fba　　∴ ∠fga=∠abd

同理 ∠abd=∠def　∴ ∠abd=∠def=∠fga

同理可得∠gab=∠bde=∠efg

因abdefg是等邊六邊形

∴ag=de,gM=eQ

∵Mo=Qo=半徑　∴ ∠gMo=∠eQo=90°

∴直角△gMo ≅ 直角△eQo　∴go=eo

同理可証直角△aMo ≅ 直角△dQo　∴ao=do

∴△aog ≅ △doe　∴ ∠aog=∠doe

故ae與dg通過圓心o。

同理bf也通過圓心o。

〔雜題二〕(Mario Chen發現)

由〔雜題一〕知abdefg是等邊六邊形。把六個邊以1,2,3,4,5,6分別之。以1,3,5邊為底各畫等邊三角形agp,bdQ,efR。故三個等邊三角形是全等三角形。連結頂點P,Q,R形成等邊三角形。另以4,6,2為底畫等邊三角形，其頂點P',Q',R'也形成等邊三角形。且△PQR與△P'Q'R'重合。

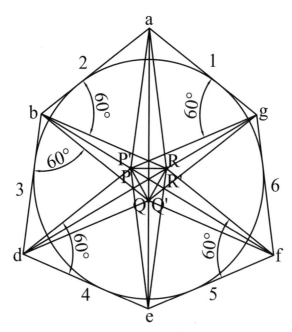

解：

連結 b , p ; e , Q ; g , R 。已知 $\angle abd = \angle def = \angle fga$，$\angle gab = \angle bde = \angle efg$

∴ $\angle bap = \angle edQ = \angle gfR$，且因已知 $ab = ap = de = dQ = fg = fR$

∴ $\triangle abP \cong \triangle edQ \cong \triangle gfR$

∴ $bp = eQ = gR$　∴ $\angle pbQ = \angle QeR = \angle RgP$

∴ $\triangle bpQ \cong \triangle eQR \cong \triangle RgP$　∴ $PQ = QR = RP$

故三角形 PQR 是等邊三角形。

以 1 , 3 , 5 邊的對應邊 4 , 6 , 2 邊為底畫等邊三角形 dep',fgQ',abR'，其三頂點 P',Q',R' 與 1,3,5 邊的 P,Q,R 重合。

因 abdefg 是等邊六邊形，且由各邊為底所畫出的六個等邊三角形的各邊長亦相等。故十二個等腰三角形亦應全等。

即 $\triangle aPR \cong \triangle aP'R' \cong \triangle bQR \cong \triangle bQ'R' \cong \triangle dPQ \cong \triangle dP'Q' \cong \triangle ePR \cong \triangle eP'R' \cong \triangle fQR \cong \triangle fQ'R' \cong \triangle gQP \cong \triangle gQ'P'$

從而得知 P,P';Q,Q';R,R' 應重合

也就是等邊三角形 PQR 與 P'Q'R' 重合。

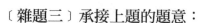

〔雜題三〕承接上題的題意：

兩個全等等邊三角形ABC,DEF共用一個圓o，已知
abdefg是等邊六邊形。

連接a,d;d,f;f,a形成等邊三角形adf。

連接b,e;e,g;g,b形成等邊三角形beg。

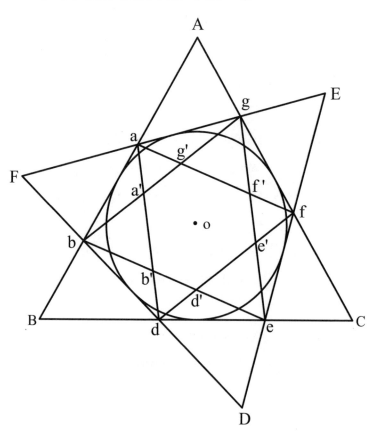

解：由上題已知abdefg是等邊六邊形

且∠gab=∠bde=∠efg; ∠abd=∠def=∠fga

故可形成三個全等的等腰三角形

即，△abg ≅ △bde ≅ △efg

故，△beg是等邊三角形。

同理可知　△adf也是等邊三角形。

兩個相似等邊三角形adf與beg形成兩組全等的等邊三角形。

（△aa'g' ≅ △db'd' ≅ △fe'f'）～（△ba'b' ≅ △ed'e' ≅ △gf'g'）

〔雜題四〕μ_3 與母子三角形之關係（Mario Chen提出）

以三個不同的最小正整數組成一個「共同基數組」，且這個「共同基數組」必須能組合成一個三角形為條件。因此，如果「共同基數組」是(1,2,3)，顯然不能組成一個三角形(因為三角形的任何兩邊之和必須大於第三邊才能成立一個三角形)。而(2,3,4)可說是三個不同數的最小正整數可以組成一個三角形。因此我們採取(2,3,4)為「共同基數組」。這個「共同基數組」的前面乘以「三合一的陳氏數列」(前三數之和等於第四數，以此類推)，例：1,2,3,6,11,20,37,68,125,230,423⋯⋯請參閱第42頁的表。

上面已提過由「共同基數組」可形成一個三角形。如果再乘以「三合一陳氏數列」其所成的三角形都是相似三角形。任何三個連續相似三角形的對應邊長之和等於第四個相似三角形的對應邊長，也就是L= ℓ_1+ ℓ_2+ ℓ_3。這個公式是母子三角形定理。

由次頁表可知由「共同基數組」形成的三角形公式=N(2,3,4);N=1,2,3,6,11,20,37,68,125,230,423⋯(前三數等於第四數的「三合一陳氏數列」)。例如:數序4是6乘以共同基數組(2,3,4)，亦即6×(2,3,4)。那麼這個三角形的三邊長等於6×2=12, 6×3=18,6×4=24,其三邊和等於12+18+24=54。數序5等於三合一陳氏數列的第2+3+6=11，把11乘以共同基數組(2,3,4)，

則$11 \times (2+3+4)=99$。同理可得次頁表之各數。這些由式$N(2+3+4)$所得各數，其相鄰的數比，則$N_{2,3,4}\cdots / N_{1,2,3}\cdots$($1,2,3,4\cdots$是數序號碼)例如$N_4/N_3=54/27=2;N_5/N_4=99/54=1.8333\cdots$，其比值漸靠近 $\mu_3=1.8392867\cdots$。

因此「第二個黃金比例μ_3」可用在「母子三角形」裡，次頁的表是利用三合一數列與母子三角形相似特性合成的數列。從這個數列裡可看到每個數都有「自我相似性」的$(2,3,4)$。「自我相似性」這句話，是由波蘭、法國、美國數學家曼德布洛(Benoit B.Mandelbrot,1924~)所發現的「碎形」幾何的重要特性。這些「自我相似」的特性，就像俄羅斯娃娃那樣一個套一個，每個娃娃的形狀相似，只是大小不同，這種稱為「碎形」(fractal,出自拉丁文fractus,意為破碎或斷裂)是自然界形狀學和「混沌」(Chaos)這種高度無秩序系統的中心觀念。

此題作者還在研究中，可能將來有意想不到的結果。

「共同基數組」組合數列，N(2,3,4);N=1,2,3,6,11,20,37⋯ (三合一數列)		
數序	N×(2+3+4)	$N_{2,3,4}\cdots/N_{1,2,3}\cdots$
1	1×(2+3+4)=9	
2	2×(2+3+4)=18	18÷9=2
3	3×(2+3+4)=27	27÷18=1.5
4	6×(2+3+4)=54	54÷27=2
5	11×(2+3+4)=99	99÷54=1.8333⋯
6	20×(2+3+4)=180	180÷99=1.818181⋯
7	37×(2+3+4)=333	333÷180=1.85
8	68×(2+3+4)=612	612÷333=1.837837838
9	125×(2+3+4)=1125	1125÷612=1.838235294
10	230×(2+3+4)=2070	2070÷1125=1.84
11	423×(2+3+4)=3807	3807÷2070 =1.839130435=μ_3
12	778×(2+3+4)=7002	7002÷3807 =1.839243499=μ_3
13	1431×(2+3+4)=12875	12875÷7002 =1.83933162=μ_3
14	2632×(2+3+4)=23688	23688÷12875 =1.83984466=μ_3
15	4841×(2+3+4)=43569	43569÷23688 =1.839285714=μ_3

「共同基數組」組合數列，N(2,3,4);N=1,2,3,6,11,20,37…		
(三合一數列)		
16	8904×(2+3+4) =80136	80136÷43569 =1.839289403=μ_3
17	16377×(2+3+4) =147393	147393÷80136 =1.839285714=μ_3
18	30122×(2+3+4) =271098	271098÷147393 =1.839286805=μ_3
19	55403×(2+3+4) =498627	498627÷271098 =1.8392869…=μ_3
20	101902×(2+3+4) =917118	917118÷498627 =1.839286681…=μ_3
21	187427×(2+3+4) =1686843	1686843÷917118 =1.8392867…=μ_3

　　如μ_3=1.839計算，從數序11開始都是第二個黃金比例μ_3

第三篇
中垂線三角形與終極定理

中垂線三角形〔題一〕

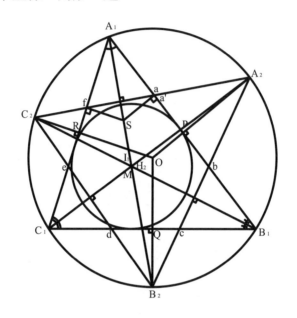

圖 一

(這題可能前人已知)

　　一個圓的內接三角形$A_1B_1C_1$：取$\overline{A_1B_1}$的中點P，連結圓心O與P並延長交於圓周一點A_2；取$\overline{B_1C_1}$的中點Q，連結O與Q，並延長交圓周於一點B2；取$\overline{A_1C_1}$的中點R，連結O,R兩點，並延長交圓周於一點C_2；連結A_2,B_2,C_2三點，形成中垂線三角形$A_2B_2C_2$。連結A_1,B_2；B_1,C_2；C_1,A_2。則$\overline{A_1B_2}\perp\overline{A_2C_2}$，$\overline{B_1C_2}\perp\overline{A_2B_2}$，$\overline{C_1A_2}\perp\overline{B_2C_2}$，且$\overline{A_1B_2}$是$\angle A_1$的等分角線，$\overline{B_1C_2}$是$\angle B_1$的等分角線，$\overline{C_1A_2}$

是 $\angle C_1$ 的等分角線。三條等分角線 $\overline{A_1B_2}$，$\overline{B_1C_2}$，$\overline{C_1A_2}$ 交於一點 M，(這是由二個不同三角形的頂點連線的交點)。M 點對 $\triangle A_1B_1C_1$ 是內切圓圓心 I，對 $\triangle A_2B_2C_2$ 是垂心 H_2，故 $M = I_1 = H_2$。由二個三角形：$A_1B_1C_1$ 與 $A_2B_2C_2$ 形成三個等腰三角形：$\triangle A_1af$, $\triangle B_1cb$, $\triangle C_1ed$，再者，$\triangle A_1B_1C_1$ 的各角平分線必與對應邊的中垂線相逢於圓周上。

〔証明〕

(1)已知 $\overline{OB_2}$ 是 $\overline{B_1C_1}$ 的中垂線，且已知 $\overline{B_1Q} = \overline{QC_1}$，故 $\angle B_1QB_2 = \angle B_2QC_1 = 90°$，$B_2Q$ 共用。

$\therefore \triangle B_1QB_2 \cong \triangle B_2QC_1 (s,a,s)$

故，$\overline{B_1B_2} = \overline{B_2C_1} \Longrightarrow \angle B_1A_1B_2 = \angle C_1A_1B_2$

故，$\overline{A_1B_2}$ 是 $\angle A_1$ 的等分角線。

同理可証：

$\angle A_1B_1C_2 = \angle C_1B_1C_2$；故 $\overline{B_1C_2}$ 是 $\angle B_1$ 的等分角線。

$\angle A_1C_1A_2 = \angle B_1C_1A_2$；故 $\overline{C_1A_2}$ 是 $\angle C_1$ 的等分角線。

$\therefore$ 可証 M 點是 $\triangle A_1B_1C_1$ 的內接圓圓心 I_1。

(2) 繪畫一條通過 f 點而垂直於 $\overline{A_1C_1}$ 的垂直線交 $\overline{A_1B_2}$ 於 S 點。從 S 點繪畫一條垂直於 $\overline{A_1B_1}$ 的垂線交於點 a'。則，兩個直角三角形：$\angle fA_1S = \angle a'A_1S$(上面(1)已証)$\angle A_1fS = \angle sa'A_1 = 90°$，

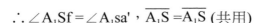

∴ $\angle A_1 Sf = \angle A_1 sa'$, $\overline{A_1 S} = \overline{A_1 S}$ (共用)

故，兩個直角三角形全等，則$\triangle A_1 fs \cong \triangle A_1 sa'$ (a,a,a,s)

∴ $\overline{A_1 f} = \overline{A_1 a'} = \overline{A_1 a}$ (a與a'重疊)，$\overline{fs} = \overline{sa}$ ，形成一個鳶形四邊形$A_1 fsa$。

鳶形四邊形的二條對角線必定互為垂直。也就是$\overline{A_1 B_2}$ ⊥ $\overline{A_2 C_2}$

同理可証，$\overline{B_1 C_2}$ ⊥ $\overline{A_2 B_2}$ ，$\overline{C_1 A_2}$ ⊥ $\overline{B_2 C_2}$

故，$\overline{A_1 B_2}$, $\overline{B_1 C_2}$, $\overline{C_1 A_2}$是$\triangle A_2 B_2 C_2$的三條高，其交點$M = H_2$(垂心)

∴ $M = I_1 = H_2$ (M點對$\triangle A_1 B_1 C_1$是內切圓圓心 I_1；對$\triangle A_2 B_2 C_2$是垂心H_2)

(3) 由(2)証明得知$\overline{A_1 f} = \overline{A_1 a}$

同理可証$\overline{B_1 b} = \overline{B_1 c}$ ，$\overline{C_1 d} = \overline{c_1 e}$

故，三角形$A_1 fa$, $B_1 bc$, $C_1 de$都是等腰三角形。

(4) 由(1)(2)所証，也可証$\triangle A_1 B_1 C_1$的各角平分線必與對應邊的中垂線相逢於圓周上。也就是$\overline{A_1 B_2}$與中垂線$\overline{OQB_2}$ 必相逢於圓周上B_2點。

其他A_2, C_2兩點也同理可証。這是中垂線三角形的特性之一。

中垂線三角形〔題二〕

O_1是△A_1YZ內切圓圓心；O_2是△B_1XZ內切圓圓心；O_3是△C_1YX內切圓圓心。(Mario Chen發現)

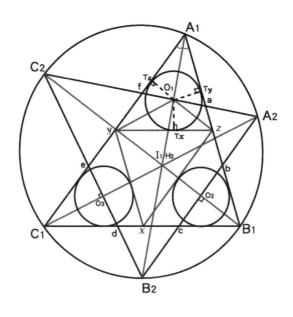

圖二

圖二的畫法與圖一的基本畫法一樣。再連結△$A_1B_1C_1$三邊中點，形成中點三角形XYZ。

〔証〕：已知△A_1af是等腰三角形，且$\overline{A_1O_1} \perp \overline{af}$（〔題一〕已証$\overline{A_1B_2} \perp \overline{A_2C_2}$）。$O_1$是其交點。畫$O_1$至△$A_1$YZ三個邊的垂線交於$T_x, T_y, T_z$，從〔題一〕已知$A_1O_1$是∠$A_1$的等分角線。

則 A_1, T_z, O_1, T_y 四點共圓。

Y, T_z, O_1, T_x 四點共圓。

Z, T_x, O_1, T_y 四點共圓。

三個四點共圓交於點 O_1。又因 $\overline{yT_z} = \overline{yT_x}$ (切線長相等) $\therefore \triangle yT_zO_1 \cong \triangle O_1yT_x$ $\therefore \overline{O_1T_z} = \overline{O_1T_x}$

因 $\overline{O_1T_y} = \overline{O_1T_z}$ $\therefore O_1T_Y = O_1Tz = O_1T_x = r$(半徑)

故 O_1 是 $\triangle A_1YZ$ 的內切圓圓心。

同理可証：O_2 是 $\triangle B_1XZ$ 的內切圓圓心。

O_3 是 $\triangle C_1YX$ 的內切圓圓心。

〔題三〕內切圓與旁切圓共切於一點(Mario Chen發現)

解：

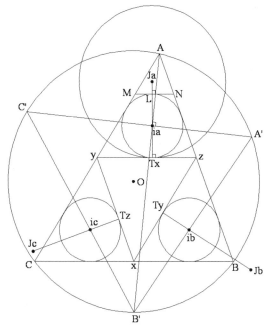

畫圓的內接三角形ABC，和中垂線三角形A' B' C'。如〔題一〕的基本畫法一樣。畫△ABC的中點三角形XYZ。畫旁切圓圓心J_a，旁切圓與$\overline{yz}$的切點為T_x，則$\overline{J_aT_x}$⊥$\overline{yz}$。畫直線從切點T_x經內切圓的圓心 ia (註)到另一個端點L。因此，唯獨$\overline{Lia T_x}$是內切圓 ia 與$\overline{yz}$的垂直線。其他通過 ia 的直徑皆不能垂直於$\overline{yz}$。再畫經過點L的切線$\overline{MN}$，則$\overline{MN} \parallel \overline{yz}$。

　　已知 $\overline{J_aT_x} \perp \overline{yz}$，故 $\overline{J_aL} \perp \overline{MN}$。因此，$J_a$, L , i_a , T_x 在一直線上。

　　故，$\overline{J_aT_x}$ 與 $\overline{iaT_x}$ 重合。亦即內切圓 ia 與旁切圓 J_a 共切於點 T_x。

　　同理可証：內切圓 ib 與旁切圓 J_b 共切於點 T_y。

　　內切圓 i_c 與旁切圓 J_c 共切於點 T_z。

　　(註)〔題二〕已証明 $\overline{AB'} \perp \overline{A'C'}$，其交點 ia 是 △Ayz 的內心。ib 是 △BXZ 的內心，

　　i_c 是 △CXY 的內心。

〔題四〕兩個中點三角形的對應頂點連線交於一點。
（這題可能前人已知）

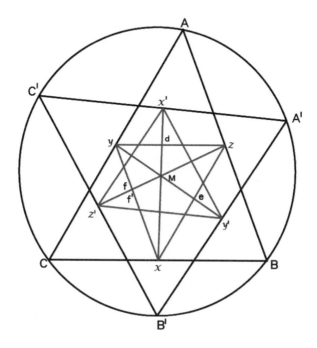

圓的內接三角形ABC, 與中垂線三角形A' B' C'。畫兩個三角形的中點三角形：

XYZ和X'Y'Z'。連結X,X' ;Y,Y'; Z,Z',則三線交於一點。

設$\overline{XX'}$ 與 $\overline{YZ}$ 的交點為d；$\overline{YY'}$ 與 $\overline{XZ}$ 的交點為e；$\overline{ZZ'}$ 與 $\overline{XY}$ 的交點為f

假設 $\overline{Xd}$, $\overline{Ye}$, $\overline{Zf}$ 三線能使下列關係成立

$$\frac{Xe}{eZ} \cdot \frac{Zd}{dY} \cdot \frac{Yf}{fX} = 1 \text{，則Xd, Ye, Zf三線交於一點。}$$

解：設 $\overline{Xd}$, $\overline{Ye}$ 的交點為M, 連結Z,M兩點,並延長與 $\overline{XY}$ 的交點為f',則

$$\frac{Xe}{eZ} \cdot \frac{Zd}{dY} \cdot \frac{Yf'}{f'X} = 1,$$

與假設的關係比較,可得

$$\frac{Yf}{fX} = \frac{Yf'}{f'X} 1, \text{ 此式表示f與f'二點重合。}$$

意為Xd, Ye, Zf三線共點於M。

也就是XX', YY', ZZ'三線共點於M。

〔題五〕　o, h, h′三點重合(Mario Chen發現)

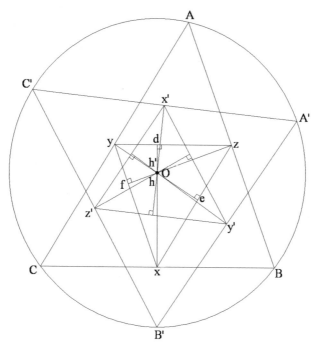

　　△ABC與中垂線三角形A'B'C'的共同外心O與兩個中點三角形XYZ, X'Y'Z'的兩個垂心h, h'重合。

　　解：因x,y,z是△ABC三邊的中點。故$\overline{OZ} \perp \overline{AB}$,讓$\overline{ZO}$延長到$\overline{XY}$交於點f。

　　　因$\overline{XY}//\overline{AB}$, ∴$\overline{AB} \perp \overline{ZOf} \perp \overline{XY}$

　　故$\overline{ZOf}$是中點三角形XYZ的垂線之一。

　　同理可証$\overline{yoe} \perp \overline{xz}$, $\overline{xod} \perp \overline{yz}$。

　　故, △ABC的外心o也是中點三角形XYZ的垂心h。

同理, X',Y',Z'是中垂線三角形A'B'C'的三邊中點。故中點三角形X'Y'Z'的垂心h'也在o點。因o是△ABC與△A' B' C'的共同外心。

故兩個垂心h, h'與外心o重合。

〔題六〕 △ABC與△XYZ的重心G, g重合（這題前人已知）

△ABC的三邊中點連線,形成四個全等三角形，△AYZ ≅ △BXZ ≅ △CXY ≅ △XYZ。其中一個中點三角形XYZ是△ABC的線長縮小$\frac{1}{2}$,再轉180°的對稱,故△ABC的重心G與△XYZ的重心g必重合。

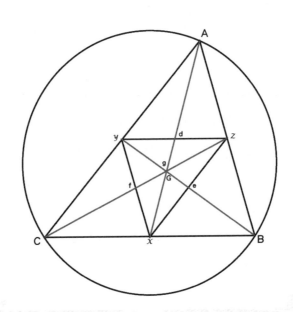

解：設中點三角形XYZ的三邊中點為d, e, f

故Xd, Ye, Zf三條中線必交於一點g

因X是邊BC的中點, d是邊YZ的中點, 且BC//YZ.

故△ABC的中線Ax與△xyz的中線Xd重合

同理可証 By與Ye重合, Cz與Zf重合

故△ABC的重心G與△XYZ的重心g重合

神秘的 The Wonderful Second Golden Ratio

第二個黃金比例

〔題七〕　△ABC與中點三角形xyz的歐拉線必重合,但順序顛倒。　O′是△ABC的九點圓圓心。(Mario Chen發現)

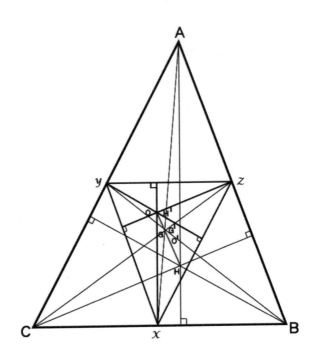

解：由〔題五〕知O與H′重合,由〔題六〕知G與G′重合。故知O′必在歐拉線$\overline{HGO}$線上。且因$\overline{H'G'O'}=\frac{1}{2}\overline{HGO}$(因△ABC~△XYZ,但△XYZ的各邊線長只有△ABC的一半,且其各頂點顛倒。)故,O′在歐拉線$\overline{OGH}$的中點。也就是△ABC的九點圓圓心。兩條歐拉線順序顛倒。若△ABC的歐拉線是$\overline{OGH}$,那麼, △XYZ的歐拉線是$\overline{H'G'O'}$。

〔題八〕

△ABC與中點三角形XYZ, △ABC的三條高AD, BE, CF
交於垂心H。△ABC的九點圓與三條高AD, BE, CF交於h_1
,h_2,h_3,(頂點A, B, C與垂心H距離之半)。則,h_1是△Ayz的垂心;
h_2是△Bxz的垂心; h_3是△cyx的垂心。(Mario Chen發現)

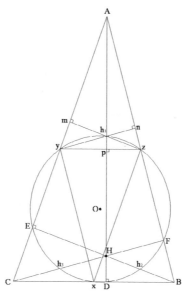

解：畫△AYZ的三條高Ap, Yn, Zm, 三高必交於一點。
其中一高Ap必與AD重合.(因△AYZ~△ABC.且YZ//BC),
故△AYZ的垂心必在Ap上。可知BE//Zm。已知點Z是線段
AB的中點。故m是AE的中點。請看△AEH:因Am=mE,故
Ah_1=h_1H。因此h_1是九點圓上的一點(垂心H到A點的一半),
同時可証Zm必經h_1點。故h_1是△AYZ的垂心。同理可証:
h_2是△BXZ的垂心，h_3是△CYX的垂心。

〔題九〕圓內接任意三角形$A_1B_1C_1$和中垂線三角形$A_2B_2C_2$可得

(1) $\overline{A_1A_2}=\overline{A_2B_1}=\overline{A_2M}$，$\overline{B_1B_2}=\overline{B_2C_1}=\overline{B_2M}$，$\overline{C_1C_2}=\overline{C_2A_1}$ $=\overline{C_2M}$

(2) $\overline{A_1P}=\overline{PM}$，$\overline{B_1Q}=\overline{QM}$，$\overline{C_1R}=\overline{RM}$ (這題前人已知)

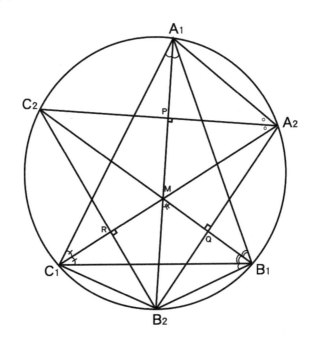

解：

(1)本圖與〔題一〕的圖基本畫法相同。且由〔題一〕已知A_1B_2是∠A_1的等分角線。

故$\overline{B_1B_2}=\overline{B_2C_1}$，$\overline{B_1C_2}$是∠$B_1$的等分角線,$\overline{C_1A_2}$是∠$C_1$的

等分角線。

但$\angle C_1A_1B_2=\angle C_1B_1B_2=\angle B_2A_1B_1$

故$\angle B_2MB_1=\angle MA_1B_1+\angle A_1B_1M=\angle C_1B_1B_2+\angle C_1B_1M$

$\therefore \overline{B_2M}=\overline{B_1B_2}$

由〔題一〕已知$\overline{B_1B_2}=\overline{B_2C_1}$，可得$\overline{B_1B_2}=\overline{B_2C_1}=\overline{B_2M}$

同理可証：$\overline{A_1A_2}=\overline{A_2B_1}=\overline{A_2M}$，$\overline{C_1C_2}=\overline{C_2A_1}=\overline{C_2M}$

(2)請看$\triangle A_1A_2P$與$\triangle PA_2M$：

由(1)已知$\overline{A_1A_2}=\overline{A_2M}$，$\angle A_1A_2C_2=\angle C_2A_2C_1$(因$\overline{C_1C_2}$
$=\overline{C_2A_1}$)

$\angle A_1PA_2=\angle A_2PM=$直角(由題一已証)，$A_2P$共有，

$\therefore\triangle AA_2P\cong\triangle PA_2M$

$\therefore \overline{A_1P}=\overline{PM}$

同理可証$\overline{B_1Q}=\overline{QM}$，$\overline{C_1R}=\overline{RM}$

〔題十〕畫兩個同圓的內接任意銳角三角形$A_1B_1C_1$和$A_2B_2C_2$，再畫兩個三角形的九點圓交於M, N點，連接M, N；O_1O_2，則$\overline{O_1O_2} \perp \overline{MN}$且互為平分，□$O_1MO_2N$是 菱形四邊形。（這題前人已知）

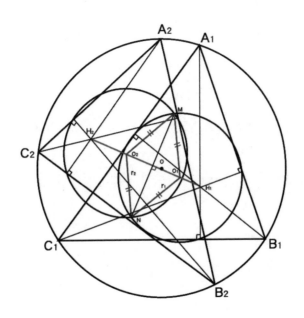

解：由題意知$\overline{MN}$是兩個九點圓的公共弦，且兩個九點圓的半徑相同。(因九點圓的半徑是三角形外接圓半徑之半，且因兩個三角形的外接圓相同，故兩個九點圓半徑相同。)

由於$\overline{O_1M} = \overline{O_1N} = r_1$

$O_2M = O_2N = r_2$

且因 $r_1 = r_2$

∴ $\overline{O_1M} = \overline{O_1N} = \overline{O_2M} = \overline{O_2N}$

∴ □MO_1NO_2是菱形四邊形，其對角線互為垂直且平分。

〔題十一〕同圓內接三角形$A_1B_1C_1$，　$A_2B_2C_2$，　$A_3B_3C_3$ 畫三個九點圓$O_1O_2O_3$相交形成三條公共弦$\overline{M_1N_1}$，　$\overline{M_2N_2}$，　$\overline{M_3N_3}$　這三條公共弦交於一點P，P點就是△$O_1O_2O_3$的外心。（Mario Chen發現）

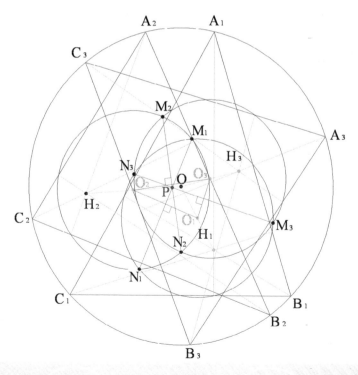

解：由上題知

$\overline{M_1N_1} \perp \overline{O_1O_2}$ 且互為平分

$\overline{M_2N_2} \perp \overline{O_2O_3}$ 且互為平分

$\overline{M_3N_3} \perp \overline{O_3O_1}$ 且互為平分

由上可知三條 $\overline{M_1N_1}$, $\overline{M_2N_2}$, $\overline{M_3N_3}$ 與 $\triangle O_1O_2O_3$ 的對應邊是互為垂直且平分。

故其交點P正是 $\triangle O_1O_2O_3$ 的外接圓圓心。

〔題十二〕終極三角形定理(Mario Chen發現)——可分下列兩種

(1)終極必正定理—進化三角形——終極必進化成面積最大的正三角形。

(2)終極必零或面積最小的三角形定理—退化三角形——終極必成面積為零的「三角形」一直線，或退化成面積最小的鈍角三角形。所謂最小的三角形，是指不能再退化，因再退化，三角形的垂心必跑到圓周外。(進化與退化皆在圓的內接三角形為限。)

畫圖法：(進化與退化皆以圓內接銳角三角形 $A_0B_0C_0$ 為基礎)

(1)進化三角形：畫法與〔題一〕同—進化以順時向標記三角形的頂點。(圖一)

(2)退化三角形：以逆時向標記三角形的頂點。請看(圖二、三)

圓的內接三角形$A_0B_0C_0$為基礎以畫進化與退化。

退化三角形的畫法：以圓的內接三角形$A_0B_0C_0$為基礎，畫A_0，B_0，C_0與對應邊的垂線並延長交圓周於A_{-1}，B_{-1}，C_{-1} (退化三角形以負號標記。進化三角形不另以正號標記)。連結A_{-1}，B_{-1}，C_{-1} 成第一個退化三角形$A_{-1}B_{-1}C_{-1}$。由△$A_{-1}B_{-1}C_{-1}$可再畫第二個退化三角形$A_{-2}B_{-2}C_{-2}$…。

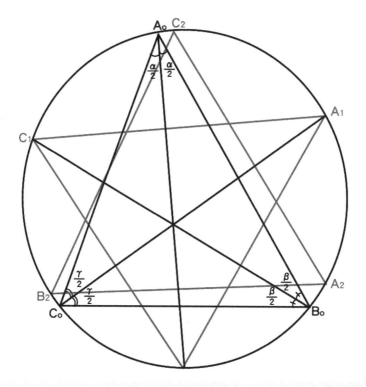

圖一(進化三角形)

〔解〕：

(1)終極必正定理($\angle A_n = \angle B_n = \angle C_n = 60°$)

(a)由三個角來証明：

設 $\quad\angle Ao = \alpha = 50°$

$\angle Bo = \beta = 60°$

$\angle Co = \gamma = 70°$

由〔題一〕已知 $\overline{A_0 B_1}$ 是 $\angle A_0$ 的分角線，$\overline{B_0 C_1}$，$\overline{C_0 A_1}$ 是 $\angle B_0$，$\angle C_0$ 的分角線。

因 $\angle A_1 = \angle C_0 A_0 B_1 + \angle C_0 B_0 C_1 = \dfrac{1}{2}\angle A_0 + \dfrac{1}{2}\angle B_0$

$= \dfrac{1}{2}(\alpha + \beta) = \dfrac{1}{2}(50° + 60°) = 55°$

同理 $\angle B_1 = \dfrac{1}{2}(\beta + \gamma) = (60° + 70°) = 65°$

$\angle C_1 = \dfrac{1}{2}(\gamma + \alpha) = \dfrac{1}{2}(70° + 50°) = 60°$

同理 $\angle A_2 = \dfrac{1}{2}(\angle A_1 + \angle B_1) =$

$\dfrac{1}{2}\left[\left(\dfrac{\alpha + \beta}{2}\right) + \left(\dfrac{\beta + \gamma}{2}\right)\right] = \dfrac{\alpha + 2\beta + \gamma}{2^2} = \dfrac{50° + 120° + 70°}{4} = 60°$

$\angle B_2 = \dfrac{1}{2}(\angle B_1 + \angle C_1) =$

$\dfrac{1}{2}\left[\left(\dfrac{\beta + \gamma}{2}\right) + \left(\dfrac{\gamma + \alpha}{2}\right)\right] = \dfrac{\alpha + \beta + 2\gamma}{2^2} = \dfrac{50° + 60° + 140°}{4} = 62.5°$

$$\angle C_2 = \frac{1}{2}(\angle C_1 + \angle A_1) =$$

$$\frac{1}{2}\left[\left(\frac{\gamma+\alpha}{2}\right)+\left(\frac{\alpha+\beta}{2}\right)\right] = \frac{2\alpha+\beta+\gamma}{2^2} = \frac{100°+60°+70°}{4} = 57.5°$$

由以上計算可知「三角形一直往正三角形靠近」。到終極的第n次達到正三角形

也就是 $\angle A_n = \angle B_n = \angle C_n = 60°$

(b) 由三角形的九點圓來証明：

在九點圓的特性中有一條「任何三角形的九點圓的半徑等於三角形外接圓半徑之半。」因此，若外接圓半徑固定，則此圓的許多內接三角形的九點圓的半徑都必相等。只是三角形的形狀、面積、三個內角、三個邊長、和三角形內接圓等會改變。

從〔題一〕的中垂線三角形的畫法，繼續畫下去，每個中垂線三角形的九點圓半徑都必相等。且由上面(a)「由三個角來証明」已知中垂線三角形一直往正三角形的方向靠近。且我們知道同一個圓的許多內接三角形，以正三角形的面積為最大，並且中垂線三角形的內切圓的半徑愈來愈大(因為三角形的面積愈來愈大)…到終極的三角形 $A_n B_n C_n$ 其內切圓與九點圓必重合。到時三角形的中線、垂線、分角線都合而為一了。正是正三角形的特性。因此，「終極必正定理」可以得証。

此定理也適用於圓內接多邊形。按「中垂線」的畫法，到終極必成為正多邊形。

(2) 終極必零或面積最小的三角形定理——退化三角形

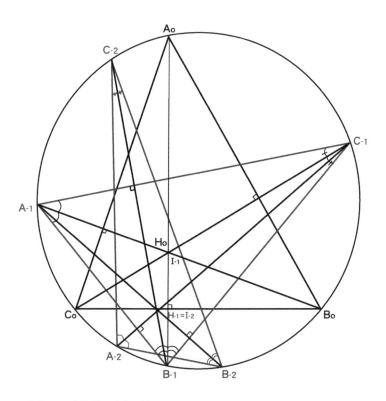

圖二：退化三角形

　　以△$A_0B_0C_0$為基礎，按上頁「退化三角形的畫法」得出第一個退化$A_{-1}B_{-1}C_{-1}$；第二個退化三角形$A_{-2}B_{-2}C_{-2}$。

　　從第二圖可知三角形$A_{-2}B_{-2}C_{-2}$已退化成鈍角三角形。無法再按題意退化。因為再畫下去的垂心必跑到圓外。故△$A_{-2}B_{-2}C_{-2}2$已是終極退化三角形。按本篇中垂線三角形的必要條件是「圓內接三角形」，所有變化後的三角形，均為圓內接三角形，因此，跑到圓外的三角形不能算本題意的退化三角形。

　　第二圖與第一圖同，設∠A_0=α=50°，∠B_0=β=60°，∠C_0=γ=70°，由〔題一〕的証明：可知$\overline{A_{-1}B_0}$是∠A_{-1}的等分角線，且與$\overline{A_0C_0}$互為垂直。$\overline{B_{-1}A_0}$是∠B_{-1}的等分角線，且與$\overline{C_{-1}C_0}$互為垂直。$\overline{C_{-1}C_0}$是∠C_{-1}的等分角線，且與$\overline{A_0B_0}$互為垂直。三條分角線交於一點H_0（Ⅰ$_{-1}$）。意為這個交點對△$A_0B_0C_0$是垂心H_0，對△$A_{-1}B_{-1}C_{-1}$是內心Ⅰ$_{-1}$。

　　同理，$\overline{A_{-1}B_{-2}}$是∠B_{-2}的等分角線，且與$\overline{B_{-1}C_{-1}}$互為垂直。$\overline{B_{-1}C_{-2}}$是∠C_{-2}的等分角線，且與$\overline{A_{-1}C_{-1}}$互為垂直。$C_{-1}A_{-2}$是∠A_{-2}的等分角線，且與$\overline{A_{-1}B_{-2}}$互為垂直。三條分角線交於一點H_{-1}（Ⅰ$_{-2}$）。H_{-1}是△$A_{-1}B_{-1}C_{-1}$的垂心，Ⅰ$_{-2}$是△$A_{-2}B_{-2}C_{-2}$的內心。

$\angle A_0$的對應弧$\overset{\frown}{B_0C_0}=\overset{\frown}{B_0B_{-1}}+\overset{\frown}{B_{-1}C_0}$ <=> $\angle B_{-1}A_{-1}B_0+\angle B_{-1}C_{-1}C_0$

$\therefore \angle A_0=\frac{1}{2}\angle A_{-1}+\frac{1}{2}\angle C_{-1}=\alpha$ <=> $\angle A_{-1}+\angle C_{-1}=2\alpha$ ——①

同理：$\angle B_0=\frac{1}{2}\angle C_{-1}+\frac{1}{2}\angle B_{-1}=\beta$ <=> $\angle C_{-1}+\angle B_{-1}=2\beta$ ——②

$\angle C_0=\frac{1}{2}\angle B_{-1}+\frac{1}{2}\angle A_{-1}=\gamma$ <=> $\angle B_{-1}+\angle A_{-1}=2\gamma$ ————③

由① $\angle A_{-1}=2\alpha-\angle C_{-1}$代入③

得 $\angle B_{-1}+2\alpha-\angle C_{-1}=2\gamma \rightarrow \angle B_{-1}-\angle C_{-1}=2\gamma-2\alpha$ ————④

②+④ $2\angle B_{-1}=-2\alpha+2\beta+2\gamma \rightarrow \angle B_{-1}=-\alpha+\beta+\gamma$ ——⑤

由② $\angle B_{-1}=2\beta-\angle C_{-1}$代入③

得 $2\beta-\angle C_{-1}+\angle A_{-1}=2\gamma \rightarrow \angle A_{-1}-\angle C_{-1}=2\gamma-2\beta$ ————⑥

①+⑥ $2\angle A_{-1}=2\alpha-2\beta+2\gamma \rightarrow \angle A_{-1}=\alpha-\beta+\gamma$ ————⑦

由③ $\angle A_{-1}=2\gamma-\angle B_{-1}$代入①

得 $2\gamma-\angle B_{-1}+\angle C_{-1}=2\alpha \rightarrow -\angle B_{-1}+\angle C_{-1}=2\alpha-2\gamma$ ——⑧

⑧+② $2\angle C_{-1}=2\alpha+2\beta-2\gamma \rightarrow \angle C_{-1}=\alpha+\beta-\gamma$ ————⑨

把 $\alpha=50°$ ，$\beta=60°$ ，$\gamma=70°$ 代入⑤，⑦，⑨

得 $\angle A_{-1}=50°-60°+70°=60°$

$\angle B_{-1}=-50°+60°+70°=80°$

$\angle C_{-1}=50°+60°-70°=40°$

$$\angle A_{-1} = \frac{1}{2} \angle A_{-2} + \frac{1}{2} \angle C_{-2} = \alpha - \beta + \gamma \rightarrow$$

$$\angle A_{-2} + \angle C_{-2} = 2\alpha - 2\beta + 2\gamma \quad\text{————⑩}$$

$$\angle B_{-1} = \frac{1}{2} \angle A_{-2} + \frac{1}{2} \angle B_{-2} = -\alpha + \beta + \gamma \rightarrow$$

$$\angle A_{-2} + \angle B_{-2} = -2\alpha + 2\beta + 2\gamma \quad\text{————⑪}$$

$$\angle C_{-1} = \frac{1}{2} \angle B_{-2} + \frac{1}{2} \angle C_{-2} = \alpha + \beta - \gamma \rightarrow$$

$$\angle B_{-2} + \angle C_{-2} = 2\alpha + 2\beta - 2\gamma \quad\text{————⑫}$$

⑩-⑪ $\quad -\angle B_{-2} + \angle C_{-2} = 4\alpha - 4\beta \quad\text{————⑬}$

⑫+⑬ $\quad 2\angle C_{-2} = 6\alpha - 2\beta - 2\gamma \rightarrow$

$$\angle C_{-2} = 3\alpha - \beta - \gamma \quad\text{————⑭}$$

⑪-⑫ $\quad \angle A_{-2} - \angle C_{-2} = -4\alpha + 4\gamma \quad\text{————⑮}$

⑩+⑮ $\quad 2\angle A_{-2} = -2\alpha - 2\beta + 6\gamma \rightarrow$

$$\angle A_{-2} = -\alpha - \beta + 3\gamma \quad\text{————⑯}$$

⑩-⑫ $\quad \angle A_{-2} - \angle B_{-2} = -4\beta + 4\gamma \quad\text{————⑰}$

⑪-⑰ $\quad 2\angle B_{-2} = -2\alpha + 6\beta - 2\gamma \rightarrow$

$$\angle B_{-2} = -\alpha + 3\beta - \gamma \quad\text{————⑱}$$

以 $\alpha = 50°$ ， $\beta = 60°$ ， $\gamma = 70°$ 代入⑭ ⑯ ⑱

$$\angle A\text{-}2 = -50° - 60° + 210° = 100°$$

$$\angle B\text{-}2 = -50° + 180° - 70° = 60°$$

$$\angle C\text{-}2 = 150° - 60° - 70° = 20°$$

　　由以上的結果知△$A_{-2}B_{-2}C_2$已成鈍角三角形。不能再退化，因垂心將跑到圓外。故△$A_{-2}B_{-2}C_2$已是面積最小的退化三角形。

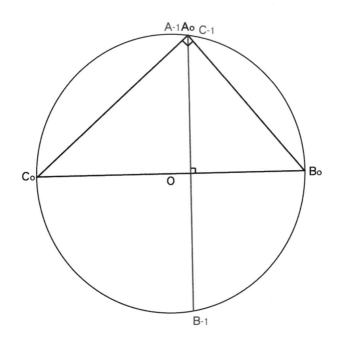

圖三：退化三角形

圓內接直角三角形$A_0B_0C_0$按上頁

「退化三角形的畫法」形成面積等於零的一直線。

　　如果△$A_0B_0C_0$是直角三角形(圖三)，第一個退化三角形$A_{-1}B_{-1}C_{-1}$已成面積等於零的一直線。$A_{-1}A_0C_{-1}$三點重合，故$A_{-1}B_{-1}C_{-1}$成為面積等於零的一直線。

附錄

古今數學家名言

神秘的 The Wonderful
Second Golden Ratio
第二個黃金比例

1. 索福克里斯(Sophocles 496~406B.C.)

數不清是世界的奇蹟。

2. 為何數學的基數只有10個(從0~9)？是因為人只有十根手指頭古希臘哲學家亞里士多德(Aristotle. 384~322B.C.)在他的《問題》(Problemata)中驚訝地問道：「為什麼所有的人，無分未開化的野蠻民族或希臘人都一樣，都只數到十就不再數下去了？」

3. 發現直角三角形$a^2+b^2=c^2$的古希臘數學家畢達哥拉斯(Pythagoras, 570B.C. ~?)的一句著名箴言：「每件事物都按數字的安排。」從某方面來說，這些觀點帶出了數論上重要的發展。可是，另一方面也發展出了數字命理學(Numerology)認為宇宙的所有事物都和數字與其獨特屬性有關。

4. 畢達哥拉斯的著名談話：「人類是一切事物的量度。」

5. 古希臘哲學家兼數學家柏拉圖(plato427~347B.C.)對數學本質的看法：「數學是放諸四海而皆準，且沒有時間性；它的存在乃是一種客觀的事實，獨立於人類之外。」按照柏拉圖的觀點，數學一直存在於某種抽象的世界，簡單來說，人類只要去發現它就行了。

6. 畢達哥拉斯認為「正圓形是最完美的弧形。」因
   此正圓與完美的觀念從此結為一體。

7. 義大利天文學家伽利略(Galileo, 1564~1644)的思
   想：「哲學被寫進這本皇皇巨著中——我的意思
   是這個宇宙，這本書打開著，繼續挺立在那兒讓
   我們可以凝視著它，可是除非我們先學會理解它
   的語言，以及所使用的文字，就不能瞭解它。它
   是以數學的語言寫出，而它的文字是三角形、圓
   形，以及其他幾何圖形。如果沒有這些語言與文
   字，單憑人類的本能是不可能瞭解其中的含意。
   沒有這些，人就陷入一座黑暗的迷宮中。」

8. 德國天文學家克卜勒(Kepler, 1571~1630)說：「幾
   何提供上帝創造這個世界的模式，而且透過上帝
   的形象把幾何傳達給人類；而非單透過眼睛來領
   悟。」

9. 克卜勒(Kepler)說：「幾何擁有兩件至寶：一件
   是畢達哥拉斯定理，另一件是把線段做中末比分
   割，第一件是以和黃金媲美；第二件我們或可稱
   之為珍貴的珠寶。」

10. 愛因斯坦(Einstein 1879~1955)說：「數學，一個
    獨立於經驗之外的人類思想成果，怎麼可能與
    物理現實的物體契合得如此天衣無縫？」愛因斯
    坦說：「我們所能經驗到的最美妙事物就是不解

之謎，就是這種基本的情感孕育了真正的藝術和科學。不知道這一點的人，不再有好奇心也不再感到驚奇的人彷若死人一般，生命的燭火已經熄滅。」

11. 二十世紀的英國數學家哈地相信，人類的功能是去「發現及觀察」數字，而不是去發明它，也就是說數學的抽象景觀就在那裡，只等待數學的探索者將它們顯露出來。

12. 對於數學在解決大自然現象時所展現出來的強大威力，有一位物理學家(作者查不出他的名字)如此說：「為何物理定律都以數學方程式來表達，為何宇宙的結構是碎形的，以及星系的排列為什麼量對數螺線等等，因為『數學是宇宙的語言』，把數學當作客觀的存在，我們不應該把數學完全看為抽象的虛構東西，而應該把它的一部份認為是真實的宇宙。因此，如果我們要和一萬光年外的外星球的高等智慧的外星人通訊，最好的方法是把黃金比例 =1.618...傳送過去。因為他們肯定瞭解地球人的意思，因為毫無疑問，他們早已知道黃金比例這個數字的神秘性。因為『上帝的確是一位數學家。』，天地萬物裡到處都有黃金比例。」

13. 一位電腦科學家霍夫斯達特(Hofstadter)，在他所著的一本書《哥德爾‧艾雪‧巴哈：一條永恆的金帶》(Godel,Escher,Bach:An Efernal Golden Braid)中，簡要地述說：「可被証明是比真理更脆弱的觀念。」

14. 牛津大學的數學家兼物理學家潘洛斯在他的一本《頭腦的影子》(Shadows of the Mind)裡如此說：「數學真理不應被人隨意地加以系統化，因為數學有一個絕對的本質，這個本質存在於任意規則系統之外。」

15. IBM的數學家兼作家皮考弗在他的一本書《上帝的織布機》 (The Loom of God)中寫道：「我不知上帝是否是一位數學家，可是數學是一部織布機，讓上帝織出宇宙的經緯…」。這段話無疑地告訴人「大自然的核心中蘊藏著數學」

16. 薩騰(May Sarton 1912~1995)說：「我看到了宇宙中有一種秩序在，而數學是讓它現身的方法之一。」

『數學傳播』季刊審稿意見表

稿件編號：3523（修正稿）

送審日期：2010 年 8 月 25 日

收稿日期：2010 年 08 月 23 日

稿題	母子三角形
審核 結果	■ 退稿

審核意見

✓ 第 1 頁最主要是証明 $\dfrac{Cd}{CB} + \dfrac{C \text{ } B}{CB} + \dfrac{fa}{CB} = 1$

但因為根據圓 I 的旋轉對稱 $fa = dc$，因此上式顯然成立。

此式一旦成立，便涵蓋了題一，題二，題三，而圓 I 旋轉 $180°$ 對稱亦涵蓋題四。

就此觀之，題一至題四均是一顯然之旋轉對稱之結果。

另就題五略評論如下：

1. 本題中 ED 的中點應為 EF 的中點之誤。

2. 本題在假設中以 X, Z 之連線定義 Q ，又以 $\dfrac{CQ}{QD} \cdot \dfrac{DY}{YP} \cdot \dfrac{PX}{XC} = 1$ 定義 Y ，但怎知 Y 是 BD 的中點？就算能証出 Y, X, Z 三點共線，亦與本題五之主要內容無關。

綜上所述，建議不予刊登。

寄件者：　　"MathMedia 數學傳播" <media@math.sinica.edu.tw>
收件者：　　"3523-author" <emch71@fibertel.com.ar>
傳送日期：　2010年11月10日 上午 03:58
附加檔案：　3523R2_report.pdf
主旨：　　　[#3523]謝謝您對本刊的支持與愛護

陳先生,您好：

審稿意見收件日期：2010年11月5日
稿件編號：3523修改稿
稿件名稱：母子三角形

隨信附上先生大作的審稿意見。
先生稿件經審查後認為與本刊宗旨不符,請另尋其他刊物投稿。

謹以此信通知。

謝謝您對本刊的支持與愛護。

　敬祝

文安

中研院數學所 數學傳播編輯部
主編
助理 　　　　敬上

TEL:+886-2-23685999#382
FAX:+886-2-23688121

寄件者：　"EMILY CHEN" <emch71@fibertel.com.ar>
收件者：　"陳秘書" <ily970203@gmail.com>
傳送日期：2010年12月2日 下午 10:59
主旨：　Fw: 答覆2010年11月10日的來信

----- Original Message -----
From: EMILY CHEN
To: 中央研究院數學研究所
Sent: Thursday, November 11, 2010 8:50 PM
Subject: 答覆2010年11月10日的來信

主編先生：您好！
　　2010年11月10日來信收悉。您以「... 經審查後認爲與本刊宗旨不符...」把愚生的稿件（編號：3523修改稿）「退件」。實難令人信服。
　　愚生有幾個問題，煩請答覆。
<一>可否告知貴刊的宗旨是什麼？
<二>如果退件的原因爲「宗旨不符」，爲何在前幾次的來函均未提及？再者貴刊在2010年5月14日給僑務委員會 ▆▆▆▆▆▆ 代轉之信件中曾說：「本刊屬科普性質的期刊」，讀者對象爲中學、大學以上對數學有興趣之師生及社會大眾...」。可知貴刊是大眾性的。但要刊在貴刊的資料，必定經過嚴謹的審查。愚生所送的十四個題共18頁的資料相信都是全新的。愚自知見識淺薄，還望您指點，若愚生的十四個題早已有人發表過，或在某書刊上早已有資料，敬請指示。就如同貴刊於2010年5月4日給愚生退稿〔母子三角形第二型〕時，引証台北「九章出版社」出版的幾何學辭典P.231，第1123條爲例，並附COPY以讓愚生心服口服。
<三>請問愚生所寄的稿件總共十四題都錯了嗎？因來信附件只提到題一至題五的評論，題六至題十四的審稿意見呢？您對題五的評論如下（重抄）：
「1. 本題中ED的中點應爲EF的中點之誤，
　2. 本題在假設中以X，Z之連線定義Q，
　　又以 CQ/QD x DY/YP x PX/XC = 1 定義 Y
但怎知Y 是 BD 的中點？就算能証出 X，Y，Z 三點共線，亦與本題五之主要內容無關。」

　　愚生的答辯如下：
　　1. 謝謝您點出愚生的錯誤。ED應爲EF。
　　2. 您問：「怎知 Y是BD的中點？」
　　　答：Y與X兩點是四邊形ABCD的兩條對角線的中點。
　　　　是已知的兩點。
　　3. 愚生把第6頁〔題五〕，只証明X，Y，Z 三點共線，然後轉到第8頁（第8頁是錯誤，應是第7頁。這是愚生的錯誤。請原諒。）

諸位博士大師：您們好！

　愚生陳英雄的這封信是經過長久的思考而下：

　既然貴刊對愚作定意不刊。相信也是經過最嚴謹的思考與檢驗。

　愚生已認知愚作的「母子三角形定理」不夠格讓您們刊登。

　今愚生只有一個要求：

「母子三角形定理」在經過您們一年的審查結果，究竟是對或錯？

如果是錯，錯在那兒？

稿件編號 3523，題一、二、三的綜合結論。

祝

學安！

　愚生：陳英雄

　2011. 5. 5.

　　　第7頁主要証明三條牛頓線交於一點。

<四> 可否請貴刊重新審查愚生的稿件？ 稿件編號：3523修正稿。

　　　如果再發現錯誤之處，敬請不吝指教。愚生會修改到讓貴刊滿意為止。

　　　愚生已是77歲的老人，不為權，利所惑，只望在餘生能給世界留下一些東西。因此，這些年來，孜孜不倦地做一些有意義的工作------ 學術研究 。

　　　為了理想，愚會非常堅持。 謝謝您耐心看完此信。

　　　　　　　　　　　　　　祝

學安

　　　　　　　　　　　　　　　　　愚生 陳英

雄敬上

　　　　　　　　　　　　　　　　　2010年11

月11日

[#3523]數學傳播季刊 - 回作者詢問

寄件者： MathMedia 數學傳播
                                                <media@math.sinica.edu.tw>

                  檢視通訊錄

收件者： 3523-author <emilychen1971@yahoo.com.tw>

副   本： MathMedia <media@math.sinica.edu.tw>

             3523_20110511_AuthorReply.pdf (2301KB)

陳先生：

來函敬悉。

您文章中的題一、二、三都是正確的。附上印自 1967 年首印的 H.S.M. Coxeter 與 S.L. Greitzer 合著的 "Geometry Revisited" 書中頁 11，12，13。您的題一可由頁 12 的定理 1.42 推導出來，題二、三則是題一的應用。

        敬祝

學安

中研院數學所　數學傳播編輯部
主編 ▇▇▇
助理 ▇▇▇ 敬上

TEL:+886-2-23685999#382
FAX:+886-2-23688121

國家圖書館出版品預行編目資料

神秘的第二個黃金比例 / 陳英雄著 --初版--
臺北市：博客思出版事業網：2012.11

ISBN：978-986-6589-85-0（平裝）
1.幾何
316   101020112

神秘的第二個黃金比例

作　　者：陳英雄
美　　編：林育雯
封面設計：陳廷萱
編　　輯：陳妙妗
助理編輯：鄧鈺平、黃聖芳
出 版 者：博客思出版事業網
發　　行：博客思出版事業網
地　　址：台北市中正區重慶南路1段121號8樓之14
電　　話：(02)2331-1675或(02)2331-1691
傳　　真：(02)2382-6225
E—MAIL：books5w@yahoo.com.tw或books5w@gmail.com
網路書店：http://store.pchome.com.tw/yesbooks/
　　　　　http://www.5w.com.tw、華文網路書店、三民書局
總 經 銷：成信文化事業股份有限公司
劃撥戶名：蘭臺出版社 帳號：18995335
網路書店：博客來網路書店 http://www.books.com.tw
香港代理：香港聯合零售有限公司
地　　址：香港新界大蒲汀麗路36號中華商務印刷大樓
　　　　　C&C Building, 36,Ting, Lai, Road, Tai,Po, New,Territories
電　　話：(852)2150-2100　傳真：(852)2356-0735
出版日期：2012年11月 初版
定　　價：新臺幣320元整（平裝）
ISBN：978-986-6589-85-0